大魚讀品
BIG FISH BOOKS

让日常阅读成为砍向我们内心冰封大海的斧头。

[日]上野千鹤子——著
郭凡嘉——译

内衣的文明史

廣東旅游出版社
GUANGDONG TRAVEL & TOURISM PRESS
悦读书·悦旅行·悦享人生
中国·广州

Introduction

中文版序

这本书出版于三十多年前，也就是我三十多岁的时候。在此之前，我这辈子出版的第一本书被命名为“性感女孩大研究”，因为这个羞耻的标题，我成了举世闻名的“黄段子”（下半身）专家。许多知书达理的阿姨都满脸嫌弃地说：“听说最近有个卖黄段子出了名的年轻女研究者呀。”

本书出版后，便立刻有人提出将其翻译成韩语。一位韩国的女性研究者联系出版社商讨引进事宜，却得到了“为时尚早”的回答。中、日、韩三国都是提倡妇道的儒学文化圈社会，关于儒学有这样的一个笑话：中国创造了儒学，日本引进了儒学，但是表面功夫和内在分成了两套标准；只有韩国全盘接受了儒学。事实上，当时的韩国有很强的贞操观念，常常能听到韩国女留学生认真地苦恼是否该有婚前性行为、是否该对父母坦白，日本女留学生则在一旁目瞪口呆的逸闻。

三十年过去，本书的内容可能在所有东亚社会都成了“常识”。刚出版时备受嫌弃的本书，经过这些年，也已被中韩两国所接纳。不，应该说时代已经超越本书，发展到了前面。

我当然不只会写“黄段子”的书。在同一时期，我还写了《父权制与资本主义》这本硬学术书籍。二者的落差实在太大，因此我经常听见这样的疑问：“作者真的是同一个人吗？”这让我忍不住笑起来。一些学界的前辈好心劝告我：写软学术最好用笔名，不然会玷污你的学术名誉。然而我并没有可供玷污的学术名誉，就用了同一个名字。上层建筑和下层建筑，上半身和下半身，只有二者齐备了，人才算是人。这是我的固有想法，也是我在所有著作中坚持的观点。

第二拨女性主义与第一拨女性主义不同，它多了一个全新的议题，就是女性的性行为。当然，第一拨女性主义中也探讨了性买卖、怀孕、分娩等有关女性的性的议题，但是比我们更年长的那一代姐姐们已经完全被“女性不可谈论下半身”的价值观所蚕食。她们与男人发生性关系、怀孕、生好几个小孩、成为母亲之后，依旧认为女性应该对自己的身体一无所知。明明每个月都要来月经，她们却不让别人察觉“我在来那个”，将把月经用品巧妙地隐藏起来视为女人的美德。在如今这个21世纪20年代，年轻女性高呼“月经贫困”，要求将生理用品与厕纸一样设为卫生间常备用品，同时要求男性理解女性来月经的痛苦和辛劳。两相对比，恍若隔世。

有很长一段时间，日本女性穿的都是长衬裤。在战争期间，她们更是别无选择。洗完的内衣都会放在外面晾晒，被左邻右舍看得清清楚楚，有时还会被内衣小偷偷走。很多人都说是女人不好，谁让她们把内衣晾在别人能看见的地方，太不知羞耻了。内衣是白色的，月经带是黑色的，谁若敢穿不同的颜色，就要被视作性工作者。不仅如此，在以前普遍穿和服时，日本女性的襦袢底下甚至什么都没有。正因如此，内衣的历史在日本才非常短暂。

在那段历史中，有一位女性掀起了“属于女人、来自女人、为了女人”的内衣革命。那个人就是鸭居羊子女士。花纹、豹纹、荷叶边、蕾丝边，她做的许多梦幻般的内衣广为售卖。从那时起，衬裤就被称呼为“内裤”了。在众多内裤中，性感内裤（也就是男性喜欢的）没有亲肤宽松的少女内裤畅销。带荷叶边和蕾丝的产品工艺更复杂也更花时间，因此价格昂贵，年轻女孩们买不起，反倒是经济宽裕的中年女性非常爱买。“所以有好多人要求我生产 L 码呢。”鸭居女士哈哈大笑道。

多亏像鸭居女士这样的先驱，市面上才渐渐有了内衣专卖店。当闹市区中心的橱窗里首次出现只穿着文胸和内裤的半裸塑料模特时，人们也许会惊慌失措，不知该看向何处。不过今时今日，它已经成了所有人司空见惯的风景，步履匆匆的通勤男女甚至都不会瞥上一眼。但我还是希望大家时常记起，其实这种景象登场的时间还不算长。

内裤不是给人看的，别人也看不见。女性偶尔穿上“决胜内衣”，心中会小鹿乱撞，但那种场合少之又少。只不过，一想到低调平淡的裙子下面穿着华丽的内裤，人的心情就会莫名变好。一想到别人都不知道这个“秘密”，就会有种私密的兴奋。自己的身体包裹在华丽而纤细的内裤中，仿佛拥有了无上的价值。女人都自恋。所谓自恋，也可以说成自我物化。

通过研究内裤，我发现异性恋男女的性行为存在着绝对的非对称性。男性会对女性的裸体和性器官产生兴奋，女性看见男性的裸体和勃起的性器官并不会兴奋。换言之，男性会与性欲主体同化，而女性则是将自己与男性视角的性欲客体同化。色情影像总是以男性视角拍摄，而看到那些影像中的女性，女性也会感到兴奋，是因为她们的视角与男性同化了。这一性主体化深深根植于女性的血肉中，很难将其改变。一说到性行为研究，总有很多人将其设想为以性少数群体 LGBTQQIAX（Lesbian，Gay，Bisexual，Transgender，Queer，Questioning，Intersex，Asexual，Xgender）[1] 为对象的研究，可是对占据多数的异性恋人群的性行为之“谜”，我们又了解多少呢？

男人为女人的什么而兴奋，女人为男人的什么而兴奋？兴奋的器官并非性器官，而是大脑。大脑的兴奋经由神经系统传达，才引起了性器官的反应。所以准确地说，性行为并非下半身的现象，而是上半身的现象。本书出版大约十年后，我又写了一本名为《发情装置 —— 色情的脚本》的书。因为发情并非来自本能和 DNA，而是通过文化与社会习得的行为。既然是通过文化与社会习得的行为，它就会随着时代发生变化。随着性行为的变化，内衣也会发生变化。而且它的变化速度，远比想象的更快。

早上起来，犹豫今天要穿什么内裤。而正是鸭居女士和后来的内衣厂商，给了足以让女性烦恼的多样选择。在那之后，内衣又发生了变化。它逐渐中性化，男性和女性都开始穿四角内裤了。此外，还有速干新面料登场，功能性更强的

1 即女同性恋者、男同性恋者、双性恋者、跨性别者、酷儿、疑问者、双性人、无性恋者、多元性别。——编注

简约内裤越来越普及。这里面没有一丝色情的成分。对女性来说，内裤已经从被男人脱掉的东西变成了自己一把扯掉的东西。在婚礼当晚第一次发生性行为的“初夜”一词已经成为死语[1]，甚至以结婚为前提的“婚前性行为”也已经落后于时代。性交的前提再也不是结婚，与第一个性交对象结婚的女性急剧减少。没有人再纠结新娘是不是处女。现在的年轻男女只要在“交往”，就理所当然地发生性关系。

内衣会脏，脏了就得洗。每天更换内衣的习惯其实也刚出现不久。如果没有洗衣机，谁也没工夫干那种事。我们祖父母的时代，肯定还有人三天甚至一个星期才换一次内衣。

脏内衣谁来洗？女孩子们早早就被教育，自己的内衣要自己洗，洗完要晾在隐蔽的地方。可是男孩子呢？他们的脏内裤会扔给母亲洗吗？看见儿子的内裤，母亲会发现什么？儿子难道毫不在意吗？我很好奇这些问题，于是开始研究男性的内衣。通过内衣，我发现了家庭、社会和科技的变化。

每次出国旅行，我都很喜欢逛内衣卖场，还会买回去送给女性朋友。内裤体现了各国的国情。我还没逛过中国的内衣卖场。

中国的内衣变化史一定也是极其迅速的。中国的女性在

1　日语中指已不使用的语言、词语。——编注

改革开放的过程中，是否体验到了挑选各式内裤的自由？在此之前，在中山装之下，是否也有只属于她自己的秘密乐趣？在“女性解放”十分发达的现代中国，日本优衣库那种功能性强的内裤是否受欢迎？

各位读者的父亲和母亲都穿什么样的内衣？祖父母又如何？你们小时候穿过什么样的内裤？你们从多大开始自己挑选内裤？是自己洗内裤吗？如果夫妻俩的内裤一起洗，丈夫会帮妻子晾内裤吗？从内裤的历史，可以看到家庭、社会、性别和性行为的种种奥秘。

各位读者可以试着问问别人：“你现在穿的内裤长什么样？”也许对方听了会发火。但是，你们也可能会开始一场亲密的对话。因为我就是这样研究了内裤的历史。

2023 年 2 月　上野千鹤子于东京

Contents

目录

现代　内裤的休闲化

第四章 —— 141

心理 镜子国度的自恋情结

序章

专属女性的王国

“内裤 = 遮蔽性器官的物品”的原型

人类究竟是从什么时候开始穿内衣的呢?

还是先别把话题扯远了吧。我只对最狭义上的内衣——也就是覆盖性器官的东西——感兴趣而已。

《圣经》教导众人，当人由天上的被造物变成地上的生物时，做的第一件事情就是拿无花果叶覆盖住性器官。若真是如此，那么内裤这个东西，就和人类的历史一样长远。然而，覆盖性器官这件事，是否和乱伦禁忌(incest taboo)一样，对人类来说是很普遍的行为呢?

南美的裸族当中，有一些人不分男女，完全不覆盖性器官地生活。小孩子本来就被视为“原始的人类”，所以总是以原始的姿态赤条条地四处奔跑。但是到了成人仪式，他们便会在赤裸的腰际系上红色的绳子。这条红色的绳子并没有遮盖的作用，而是一种意味着他们从自然层面来到文化层面、成为“人类”的证明。如果他们在忘记系上这条红绳的状态下出现在其他人面前，就会像自己正赤身裸体一样，为此羞愧不已。

这么说来，这条腰绳是否就是内裤的原型呢？不，倒不如说这是划分自然与文化、私与公的文化性象征，是最低限度的服装。这样的服装，仅仅具有将性器官覆盖住的功能，并没有成为一个特别的标记（marker）。

再回到最初的话题吧。人为什么会遮住性器官呢？

这个问题总是让我想到新几内亚高地人的护阳套（penis case）。这个护阳套是遮盖性器官的最低限度的容器，但是在遮掩的同时，也凸显了其存在。遮盖性器官的行为，总是隐藏着这两极相反的意图。新几内亚的护阳套，在这层意义上，可说是象征这种两极性的最典型案例。

新几内亚高地人的护阳套，以当地特殊的葫芦做成。他们采集各种尺寸的葫芦，先遮住阳具，再从前端以环绕住腰的绳子固定。男性会以这样的姿态去战斗、耕种、跳舞。护阳套一般不起支撑或固定的作用。新几内亚高地人以其侵略性的“厌女”文化而出名，因此男性隐藏起生物学上被赋予的性器官，取而代之的是夸示其象征性的替代物。对他们而言，隐藏是为了凸显。

日本男性穿着的丁字裤（ふんどし，一种日本传统的兜裆布）相较护阳套而言，更具功能性。正如相扑力士的兜裆裤是为了格斗而存在的东西，身穿丁字裤的男性，总是比没穿丁字裤的男性更有男子气概。也难怪“松丁字裤”这个用词，会用来形容男子气概的丧失。

▲

戴上护阳套、装扮成鸟类跳舞的新几内亚原住民

日本内裤的文明开化

自古以来，女人们也同样会穿类似丁字裤的东西。当月事来访时，她们就会缠上丁字带状的东西。对女性来说，每月只有一次需要特别穿着内裤，以达成机能性的目的。其他时候，女性只需要用腰布覆盖住下半身即可。

日本初次引进这种“陷入两腿之间、紧密贴合性器官的布料”的概念时，保守派人士相当震惊。这一小片布料紧密地贴合性器，每走一步路，都像在对性器窃窃私语——正如他们禁止良家妇女骑乘自行车，他们对于女性穿着内裤一事也感到相当忧虑。更早的时候，女性的内裤是宽松的灯笼裤样式，并不会紧密地贴在身上。

从明治末期到大正年间，大众消费文化大放异彩，许多知名的和服店接二连三地转型成百货公司。同时，店家也开始雇用女性店员，取代过去的男性小学徒。这也成为OL（office lady，职业女性）的前身。白木屋百货公司曾经发生了一场火灾，当时有许多穿着和服的女性店员拒绝从消防车的梯子上爬下来，因此被烟雾呛死了。据说这是因为火灾现场挤满了看热闹的群众，她们羞于被众人一窥下半身的风光。这个事件，也证明了当时许多女性都没有穿内裤的习惯。只要穿着和服，内裤对她们来说就属于非必要之物。事实上，我的祖母出生于明治十九年（公元1886年），她到过世为止，除了穿在和服里的衬衣外，从没穿过内裤这类的内在衣物。

▲

缠腰布与裸体。上图为“维纳斯与丘比特”，下图为“被钉在十字架上的耶稣”

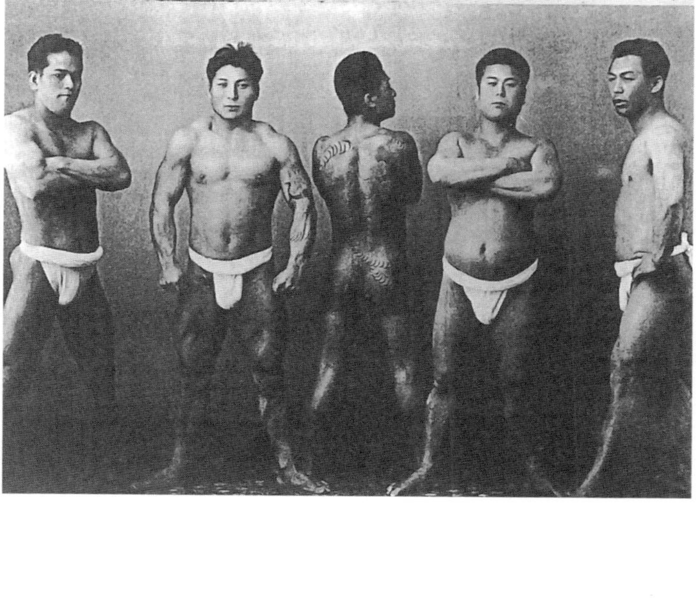

▲

沐浴的女人（上）与身穿丁字裤的男人（下），两者皆为明治初期的风俗照片

是否为了凸显而隐藏?

这片紧密贴合于私处的小布块——接下来我们就称之为“内裤（panties）”吧——似乎在一夜之间席卷全世界，也“侵略”了日本的女性。不到半个世纪，这小布块的面积逐渐缩小，从比基尼到高腰开衩型，几乎接近卫生带的原型了。演变到极限就成了脱衣舞娘的蝴蝶型内裤。这种内裤是为了“最后被褪去”而存在的东西。在被褪去之前，它只为了彰显性器官而存在。如果不是为了凸显而隐藏的话，蝴蝶型内裤就没有存在的意义。

女人的内裤，以及男人对女性内裤的幻想，似乎都在于它挑起了人们对“它所隐藏的东西”的想象。因此，看着穿着内裤展现姿态的内裤型录，会比直接看到裸露的女性性器官还要更下流和性感。这是因为，想象总是远比现实来得丰富。所以对于内裤抱有恋物癖（fetishism）的男性们，比起本应被那条内裤包裹的现实女性躯体，他们更爱的是偷来的内裤本身——那件内裤所挑起的男性幻想。

日本有不可在大庭广众下露出性器官或阴毛这种伦理规范，没想到这反而造成了淫秽的成人书籍在日本泛滥。就算是习惯了美国那种露骨风气的人，看到日本的成人书籍还是会感到下流。透明的内裤、若隐若现的缝隙，比真实的女性私处还要“色情”。因为，他们看到的不是真实的性器官，而是他们自身的欲望。

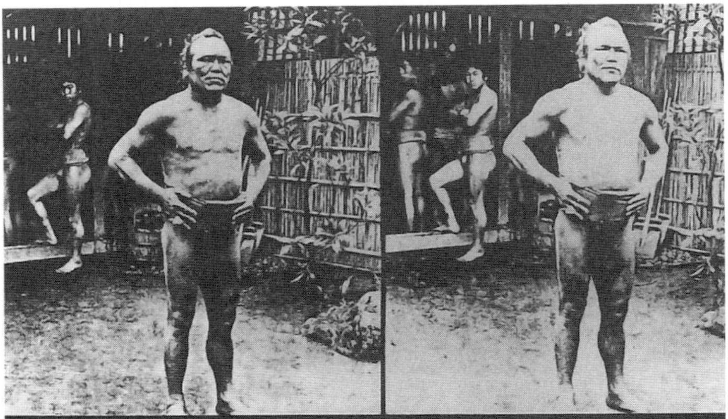

▲

丁字裤是男子气概的象征。照片为明治末期相扑力士与练习场所的景象

女人到底基于什么标准来选择内裤

“你今天穿的是什么样的内裤啊？”

“猜猜看啊！”

“嗯……是小碎花图案的吗？”

“讨厌，你怎么知道的？你看到了吗？”

“哎呀，对不起，我乱猜的，毕竟大部分的女孩子都会穿花内裤嘛。”

乍看之下，这番对话似乎很纯洁。不过，虽然性器官无法更换，内裤却是可以替换的。尤其这二三十年间，内裤的选项变得非常多样。

然而，女性究竟是以什么标准选择内裤的呢？长久以来，这个问题对我而言都是一个谜。对许多男性来说，这个问题也是一个极具魅惑性的谜吧。

女人在选择内裤时，是否会设想脱掉内裤的时刻呢？是否会事先预料到内裤将会暴露在男人面前，因此特意选择男性喜好的内裤呢？

我知道女性在预知要和男人约会的日子里会慎重挑选内裤。但是，就算不是这种日子，女性仍然无法抑制这种挑选内裤的乐趣。这是否因为，女性对于无法预期的意外，总是要不懈地做好准备呢？但是在现实生活中，这种风流韵事却不会经常发生。对于女性来说，就算那天什么也没发生——并没有突然被不认识的男性所诱惑；也没有在经过井盖时被风吹起裙摆；更没有在高高翘起二郎腿时，被坐在对面的人偷看——女性仍旧享受挑选当天要穿什么内裤的乐趣。这一天，在谁也不知道的情况下，她们悄悄地品味着穿上自己挑选的内裤带来的愉悦。

收集内裤的女人

女性是否也会有内裤收集癖呢？如果认为只有会对内裤产生性幻想的人才会成为有恋物癖的收藏家，自然会觉得基本只有男性会成为内裤收藏家。不过，我认识一位有内裤收集癖的女性。这种女性究竟对内裤抱有什么幻想呢？

她是一位四十五岁左右、家境富裕的主妇。我相信她从未背叛过她的丈夫，但是她对出于诊断需求看过自己肌肤的主治医生有着病态的性执着（obsession）。她向我展示了她的收集品，这些收集品的样式过于偏向少女的喜好，让我了解了她对性的执着。这些收集品无不表示着她自恋性地执着的对象，是那个被花边、蕾丝和小碎花内裤所包裹的自己的“纯洁的身体”。

“我会根据当天的心情或是穿的衣服选择内裤。一想到今天是穿着这样的内裤，我一整天都会有好心情呢。”

她陶醉地说道。

▲

四十多岁女性的“梦幻路线”。内裤收集癖收藏的女性内裤，以及纯洁的身体形象（作者拍摄）

性魅力与自恋

女性在选择内裤时，大致有两个基准——其一自不用说，就是性魅力。而另一个，就是自恋心理了。换一种说法，一个是考虑到男人的眼光，另一个则是自己的眼光。两者有时并不一致，而且在我看来，男人们似乎高估了“性魅力”的选择基准。

首先，性魅力与自恋这两个选择基准，适用于所有的流行趋势。但是，由于内裤无限地贴近性器官，男性才会误以为内裤是直接跟性欲挂钩的东西。其实，当天穿的内裤常常是一整天都没有被任何人看到就脱下来了。男人们却经常忘记，自己能看到女性内裤的时刻，仅止于内裤展现在自己眼前的那段短暂时间。

性魅力与自恋这两种基准的不一致，造成了“大众认为男性会喜欢的内裤”，以及“女性为了自己所选择的内裤”两者之间的差异，并且，这层差异被进一步清楚地视觉化。我通过对身体形象的研究，更加确定了男性对女性身体描绘出的幻想，与女性对自己身体所抱有的自恋性形象，有着非常大的差距。并且，男性通常不会意识到这种“女性王国”的存在。

▲

贵夫人们不为人知的换装乐趣（*La Vie Parisienne*）

男性幻想
与女性执着的分歧

只要观察一下以女性为客群的内衣型录以及以男性为客群的（女性）内衣型录，就可以了解个中差异。在美国，有一种专门寄给男性的女性内衣型录。究竟为什么会有这种东西呢？表面上，这种型录可以“让你选购送给妻子或恋人的礼物”，不过这当然只是好听的说辞，就算是没有妻子或恋人的男人，也会买女性内衣。有妻子或恋人的男人，同样会买，他们是为了自己而买的。

邮购是相当完善的购物系统。他们会事先进行慎重的市场调查，最后把型录寄给目标客层的单身男性。印刷精美的彩色型录单价并不便宜，所以选择目标客层相当花费精力。男人们只要发出订单即可，他们还可要求匿名以保护隐私，不费几周就能收到商品。其中甚至还有更谨慎的人，他们会要求在寄出包裹时不要在寄送人那一栏填写任何名字。许多公司会使用“迷人”“美人”之类不知所云但是无害的假名寄出。

这些寄来的内衣，不单纯是性感。有些甚至是为了性游戏而设计的。例如，在胸部与私密处挖洞的内衣，或是有着纵向开缝的内裤。一种是为了彰显而紧紧包裹女人身体，另一种则毫无防备地裸露女性性器官。若是有伴侣，男性或许真的会用这些内衣来进行性游戏吧。就算没有伴侣，男性可能也会因拥有这些内衣而沉浸在自己的幻想之中。当然，也有人会穿在自己身上，品味着这种性别错置的喜悦。

就算是性格较为稳重的人，在选择颜色或款式上，也远比女性选择的更狂野、更具挑逗性。女性真的会为自己选择那种内衣吗？女性以性魅力为基准来选择内衣时，方法更迂回曲折——女性会选择她们认为会吸引男性目光的内衣。当然，这种选择偶尔也会出错。所以，女性在以性魅力为基准选择内衣时，早已自动把自己的身体“物化”了。

但是，在男性看不到的地方，女性对自己的身体却似乎有着更自恋的执着。若非如此，那些种类繁多的内裤，又怎么会有人去消费呢？这些女性在没有观众的裙底下的剧场，建立起了一个专属于女性的王国。如果我们不了解女人对自己身体塑造的自我形象所持的特权性的自恋心理，我们就无法解开女性内裤之谜。

▲

性魅力路线——以男性为目标客群的美国女性内衣型录

第一章

历史
内裤进化论

机能与象征

隐藏性器官的历史，可以追溯到《圣经·旧约》：亚当与夏娃在伊甸园里，不慎误食了知善恶树的果实，才拿取无花果叶遮盖性器官。但是仔细想想，遮盖性器官这个行为，其实反而彰显了某个东西隐藏在那里的事实，所以从一开始，就陷入一个“越隐藏反而越凸显”的两难局面。另外，说到人类服装最低限度的样式，新几内亚的护阳套可说是其代表，不过它的功能与其说是隐藏，不如说是凸显和夸示该部位。而且内衣原本的目的就是起到保护作用，但是新几内亚的护阳套不要说保护了，连使用起来也非常不便，完全是个没有机能性可言的东西。

如果我们承认男性的内裤有这种“隐藏是为了凸显”——把真实存在的东西替换成假的东西，并且通过置换把这个东西作为象征加以夸示——的机能，那么，女性的内裤是否也有相同的功能呢？女性的内裤原本就无须具备隐藏性器官的功能。以解剖学的位置或形状来说，女性的性器官本来就是从外面看不到的部位。日本有一种缠在腰间的短蓑衣（腰蓑），不过，到目前为止，我们对于短蓑衣是否能说是像内裤一般的东西，或是这种短蓑衣是否有隐藏性器官的目的都还不太了解。

如果要回溯最低限度隐藏女性性器官的东西，我们能想到的其中之一，就是女性月经期间穿着的、最具机能性的、如同卫生带一般的东西。另一个就是脱衣舞娘最后才会褪下的蝴蝶型内裤，也就是最低限度地隐藏性器官的物品。换句话说，就是机能与象征。

借由隐藏彰显价值

只要隐藏，就会产生禁忌，借由这个道理，被隐藏的东西的价值就会获得提升。其中一个存在于身体上的例子，就是乳房。让我们从隐藏的象征性意义来思考乳房这个部位吧。

日本人穿胸罩的历史非常短暂。三十年前，日本女性在任何场所，都尚能若无其事地在众人面前暴露乳房，为婴儿哺乳。当时，乳房是母性的象征，而非性的象征。胸罩引进日本则是非常近的事。只要观察过去的绘画，就会很清楚地发现，暴露乳房并非什么禁忌。欧洲在不久之前也是如此。越是隐藏，就越让人想看；越是隐藏，价值就越高。如果没有隐藏起来的话，这种东西就随处可见，并不会让人觉得有什么稀奇的。想想如果是欧洲人，譬如视裸露上半身晒日光浴为理所当然的北欧人，自然不会觉得做这种事犯了什么禁忌。只有日本观光客会对裸露上半身的行为大惊小怪。

仔细想想，“不隐藏的时候，好像就不存在什么特别的价值。越是隐藏，反而越提高了其价值”，这个道理似乎也适用于性器官。男性的护阳套就是最典型的例子。那么，在无花果叶之后，女性又是用什么东西来隐藏性器官的呢？从这个层面来思考，似乎也可以把日本的短蓑衣（腰蓑）视为女性的服装或是内裤的原点。如果以隐藏女性性器官的意义来思考的话，那么内裤的原型就是日本的衬裙了。

世界上有许多和日本衬裙相似的服装，如印度尼西亚的莎笼（sarong）。而裙子似乎本来就是从短蓑衣演变而来的，这种覆盖下半身的概念似乎自古就有。不过就算有这种覆盖下半身的想法，对于女性的性器官，似乎从没出现过“以最低限度之物覆盖性器官本身”的点子。

观察一下内衣和服装的历史，在短短二三十年内，这种紧密贴合于性器官的内裤便在日本普及，这实在是相当惊人的变化。

“内裤 = 卫生带”起源论

女性的内裤，究竟是从什么时候开始变成紧密贴合于性器官上的东西的呢？内裤如果贴合在性器官上，势必会被弄脏。在过去，教导女性的其中一项规矩，就是不能把内衣弄脏。基本上，只有在生理期，才有以小布块贴合于性器官的概念。如果这么想的话，那么现在这种将开裆布贴合于性器官的内裤，只有两种起源。

其一，就是生理期用的卫生带。然而，我们无法从历史窥知卫生带究竟有多普及。说不定在开始强调处女重要性的时期之后，卫生带的使用才逐渐变得普遍。另外，卫生棉条的历史相当久远，比如日本江户时代的花街柳巷里，就有使用棉条的记录。

当时是将绢撕成细条状，再结成绳状，把绳当成芯，紧紧地包实，做成纺锤状来使用。她们将这种东西放入阴道，并且更换洗涤。在当时，生理期使用棉条是很普遍的。据说在希腊也有使用棉条的记录。也就是说，在无关乎是不是处女的时代，女性的性器官开了一个洞是生理学上的事实，所以任谁都会觉得，拿东西把那里填上就好了。只要有东西流出来，就拿个盖子把它挡住。这是最简单的想法。

如果谈到卫生带有多么普及，就会有人提到明治时期之后的脱脂棉文化。不过在当时，脱脂棉在日本还是相当昂贵的东西。连棉花都非常昂贵，会被重复使用，更别说把脱脂棉当作一次性的东西了。脱脂棉文化出现得已经很晚了，那么在那之前人们究竟使用什么东西呢？

不使用脱脂棉，只穿着卫生带，就像是穿着尿布，使用后必须洗涤才能反复使用。如果生理期时主流的应对方式是使用棉条，那么，“内裤＝卫生带”的起源论就欠缺了妥当性。因此出现了第二种假说——内裤的另一个起源或许是脱衣舞娘穿着的蝴蝶型内裤。

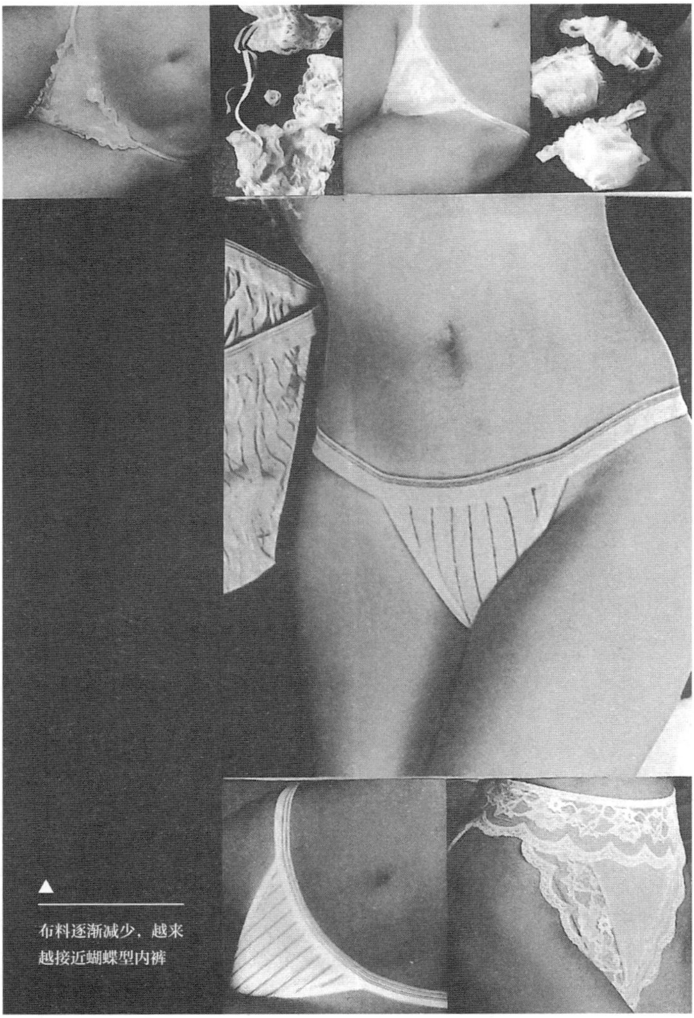

▲

布料逐渐减少，越来越接近蝴蝶型内裤

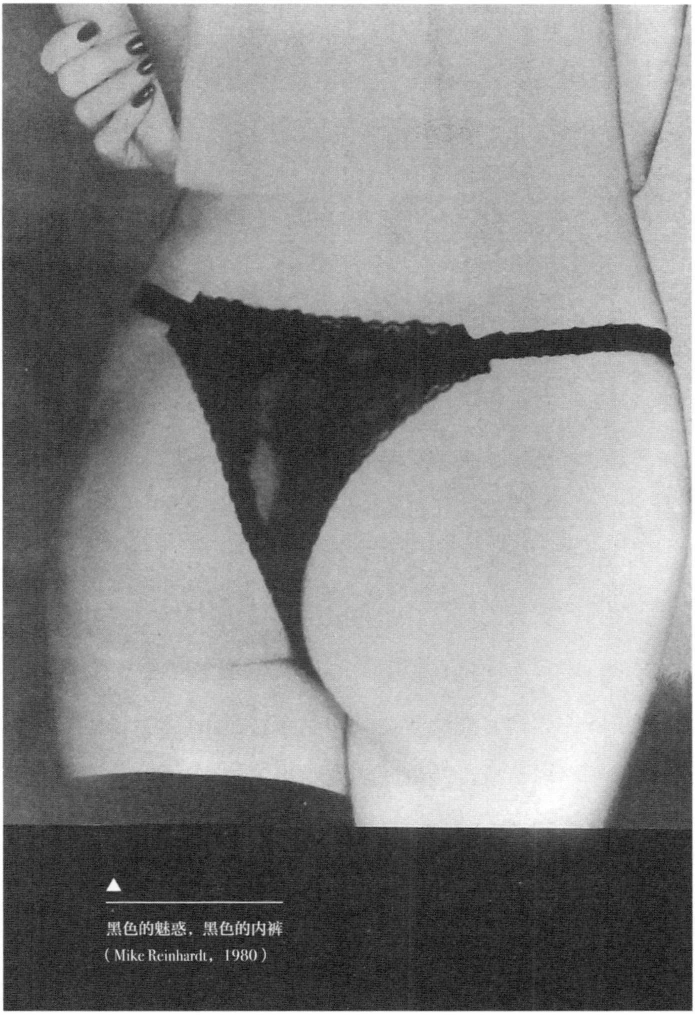

▲
黑色的魅惑，黑色的内裤
（Mike Reinhardt，1980）

“内裤＝蝴蝶型内裤”起源论

蝴蝶型内裤的意义并非在于其机能性，而在于其象征性。脱衣舞就是让脱衣舞娘依照男性对女性身体的幻想进行表演。而这幻想的核心当然就是女性性器官，所以脱衣舞通常会先绕着这个圈圈打转，最后再一球进入圆心。在那极具挑逗意味的表演中，最后才褪去的小布块，就是蝴蝶型内裤。换句话说，内裤是隐藏最后高潮的东西，也是为了褪去而隐藏的装置。想来想去，内裤的起源似乎也只有这个了。如果不这么想的话，那么从灯笼裤型的内裤发展到现今样式的内裤，其中的变化也太大了。

其间还经历了束胸的时代，束胸和内裤的起源概念全然不同。穿着束胸衣的女人，除了束胸外，还会再穿上内裤，所以束胸和内裤的目的并不相同。

以日本为例，第二次世界大战之后，现代样式的内裤才逐渐取代灯笼裤型的内裤。不过究竟是在什么时候、以什么形式，突然发生了概念上的转变呢？这至今让人百思不解。但是我认为那种转变，一定与对女性性器官的某种执着有着密不可分的关系。如此思考之后，“内裤 = 蝴蝶型内裤”的起源论似乎比较有说服力。这正好和主妇的“家务劳动起源论”有异曲同工之妙。主妇的家务劳动就是被认为“主妇现在从事的家务劳动，过去其实是女佣的工作，之后却由主妇来进行，因此产生了主妇”。如此一来，主妇与女佣二者间出现的顺序倒转的想法，得到了历史的支持，同样地，女性内裤起源论似乎也有倒转的价值。因此，如果说“内裤并不是逐渐地被越切越小，最后才变成蝴蝶型内裤，而是蝴蝶型内裤一开始就存在，和它概念相同的现代样式内裤，最后也普及一般女性身上”，这种说法似乎更能让人信服。

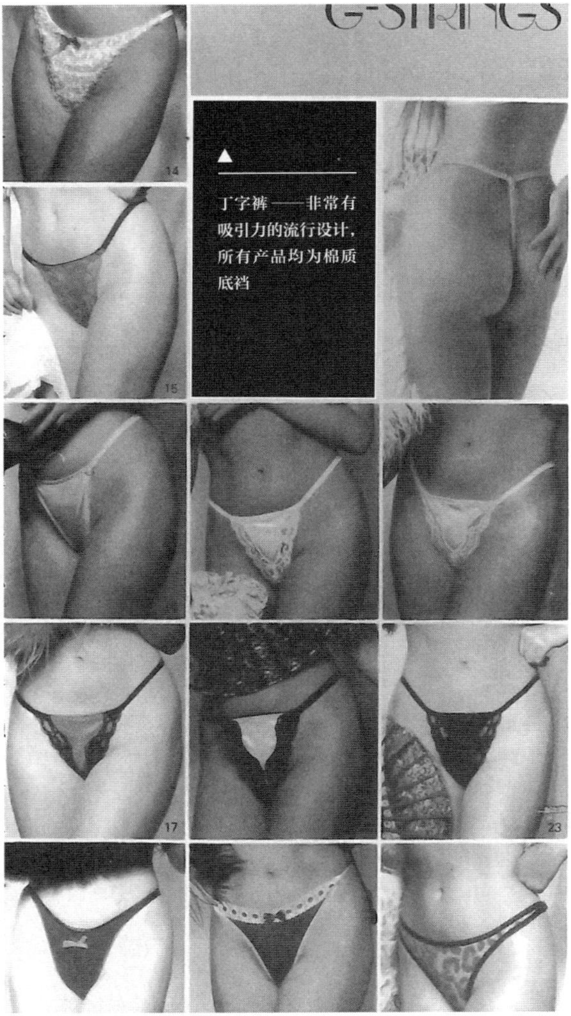

▲

丁字裤——非常有吸引力的流行设计，所有产品均为棉质底裆

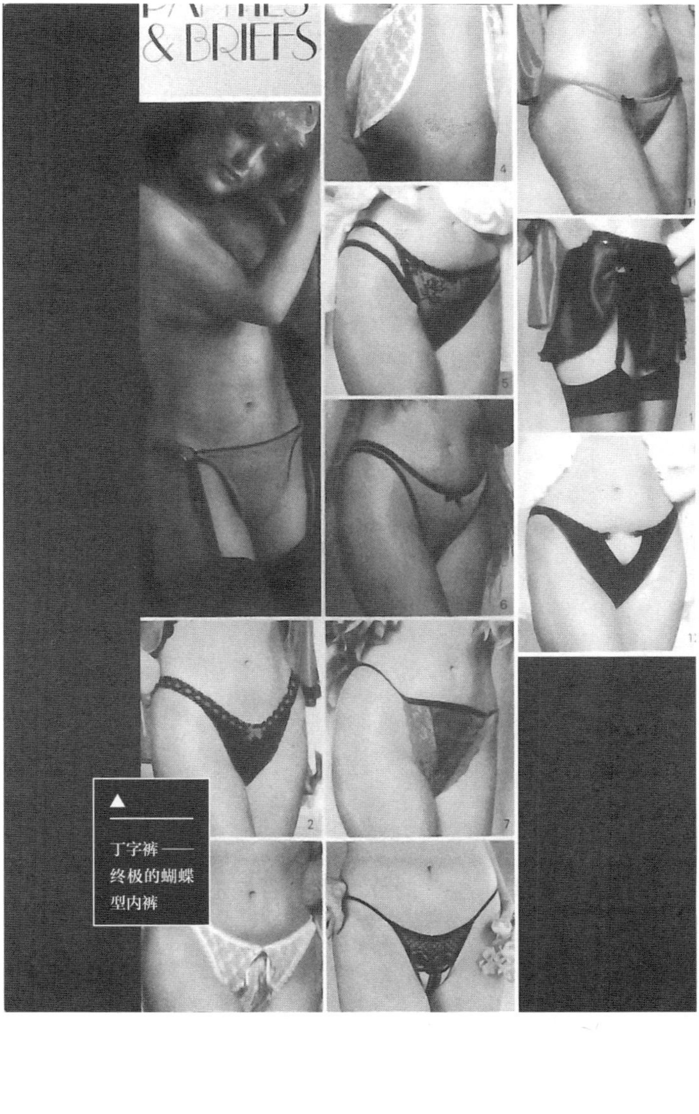

▲

丁字裤——
终极的蝴蝶
型内裤

长内裤（drawers）的历史

大约在18世纪，内裤的历史上出现了开裆裤。当时被称为drawers（ドロワーズ），不过日本人因口音误传为ズロース。这种长内裤类似长形灯笼裤。

华歌尔[1]的服饰文化研究所收藏了许多产出于18—19世纪的长内裤。我在那里第一次亲手接触到这种东西，才知道当时的开裆裤完全没有接缝裆布。完全就是开裆裤，在胯下接缝的部分呈现开口的状态。相对来

1　日本著名的内衣品牌。——编注（本书中除特别说明外均为原书注）

说，吊带裤对于女性的排泄行为来说相当麻烦，每次我见到穿吊带裤的女性，就会很佩服，不由得心想：她是怎么穿的啊？还真是穿得住啊！这么一想，开裆式的长内裤不用整件脱下就能解决生理问题，实在是一个很好的发明。

中国的小孩子也会穿裆部开一个完整大口的开裆裤。我每次到发展中国家，总会不知不觉注意观察他们教养小孩的方法。如果是位处温暖地区的国家，小孩子几乎是赤裸着下半身的。就算是在稍微寒冷的国家，如尼泊尔，孩子们即使上半身会穿长袖的毛衣，下半身也还是光溜溜的。这也意味着他们随时随地都可以便溺，家里的地就是泥土地，所以家里就跟厕所没什么两样，可以舒服地便溺。

对孩子们来说，尿布是非常麻烦的东西。因为不仅要把这么不舒服的东西放在胯下，还要以非常不自然的姿势将其固定住，也因此经常导致小孩子外八字或者髋关节脱臼。这基本等同于人为灾害。不穿尿布的孩子是根本不会发生什么髋关节脱臼的。这么看来，我们就会发现，尿布其实是在人类住进了“把排泄行为逐出家园”的居住环境之后，才出现的文明产物，日本也是如此。有很长一段时间，甚至是开始住在挑高式建筑之前，日本都没有设置特定的地点作为厕所。印度和尼泊尔也是，在非常古老的传统家庭，通常都是没有厕所的。换句话说，只要是在泥土地上，随处皆可方便。

尿布出现在人类历史中的时间非常短，而且在地球上，也只有部分地区的孩子们曾经历过包尿布的行为。孩子们被迫包尿布，是被强迫接受了一件极为不自然的事物。像尼泊尔这类地方，气候适中也暖和，如果上半身穿了毛衣，下半身什么也不穿，倒也无所谓。但如果是位处中国偏寒冷的地区，赤裸着下半身就很容易着凉。这时候人们就会让孩子穿上开裆裤，因为穿开裆裤，穿脱尿布都很方便。孩子说要尿尿的时候，也可以很迅速地解决。

如果穿着开裆裤，就可以多花点儿时间训练孩子上厕所。在欧洲社会，训练小孩子上厕所之所以会那么严格，就是为了要适应寒冷地区的居住环境，如果不早点儿训练小孩上厕所的话就会很麻烦。弗洛伊德主义对于孩子的如厕训练持强迫性的想法，这也算是一种欧洲式的压抑吧。相较之下，穿开裆裤的孩子们，虽然要花较长的时间，较晚才能结束如厕训练，但是孩子们能更自在地成长，穿开裆裤对他们来说也是非常快乐的事。

在日本，直到三四十年前，孩子们几乎都还裸露着下半身跑来跑去。就算是女孩子也一样。在中国，无论男孩女孩，都会穿开裆裤。长内裤基本和这种开裆裤是一样的。即使穿上长内裤，里面也不可能穿内裤，所以贴近性器官的部分就是空荡荡的。

长内裤与短内裤（shorts）的演变是分开的

村上信彦[1]在《服装的历史》中提到，在过去，日本女性会身穿一种称为“裳（も）”的衣物。村上认为，从褪下“裳”的那一刻开始，日本女性的社会地位便随之下降了。所谓“脱掉裳”，就是“着流し（不穿内里裙子，只穿外衣的装束）”，日本女性大约是从战国时代开始产生这样的穿着。穿着“着流し”时，下半身不穿内裤，也就是说，只要一脱掉外衣就可以发生性行为。

1 日本昭和时代研究女性史的研究者、小说家。——编注在《万叶集》当中，有和歌描述男性要出远门服防人役[1]，与恋人告别时说："我会替你打上裳的绳结。下次见面之前，可不能让别的男人解开这个结。"若不解开绳结就无法触及性器官，可见身穿裳的女性是握有性自主权的。

但是与裳相比，长内裤就是相当无防备的衣着，只要脱下，就可以随时随地发生性关系。据说长内裤的起源与骑马的习惯有关。在法国大革命之后，女性相当积极地开始骑马，也因此出现了开裆裤的需求。到了 19 世纪，骑乘自行车的需求使裤裙应运而生。这个时期相当流行女性穿着男装。

尽管如此，这个时期还没有出现遮住胯下的开裆布。华歌尔的收藏品里，就包含了维多利亚女王的长内裤，这内裤就包含遮住胯下的开裆布。然而，这个开裆布是把围在腰上的布料绕到双脚中间，并不是会一直紧密贴合在胯下的小布块，顶多是将一块布一分为二，和今天的低腰休闲裤一样相当松垮。

1 日本古代的驻防士兵。——编注

长内裤的长度逐渐变短，变成了灯笼裤的形态。在过去，女孩子穿的长内裤是松松垮垮的，父母之所以要求孩子穿，是因为“肚子会着凉”，听起来似乎是一种肚兜的概念。这种说法当然是比较委婉的表达方式（euphemism），不过，至少可以理解为当时并非只将长内裤的功能局限于遮蔽性器官。

依照这个逻辑，一个变化是内裤从高腰逐渐变成低腰的比基尼样式；另一个变化是内裤逐渐变得紧身，成为紧密贴合性器官的小布块，由此让今天的内裤和长内裤二者间产生很大的差异。现在几乎没有人会因为肚子会着凉这种理由才穿内裤。对女性而言，现在的内裤也不局限于穿在性器官上的布。

今天的内裤恐怕已经彻底改变了“长内裤也是一种内裤”的概念。若是以“只有遮住性器官的布才算是内裤”这种观点来看历史，那么这恐怕是相当新的概念，只有二三十年的发展时间。如果问相关人士关于内裤的起源问题，没有人能清楚回答。

紧密贴合于性器官的内裤，起源于生理期用的小短裤。比如，弹力纤维等新材质就是在生产生理期用的内裤时使用的，这可以说是为了迎合生理带的机能需求而产生的物品。而这样的产品，又影响到生理期以外的时候穿着的内裤。除此之外，“迷你裙的出现”和“性解放的潮流”等促使身体暴露的现象，也加速了其影响。紧身衣和高衩服饰，让身体逐渐不再需要遮遮掩掩。最终，或许就是无法再进一步切割、仅能遮盖住性器官的小布块。这让我更加深了自己确信的事：内裤的两大起源论——卫生带论和蝴蝶型内裤论，从机能与象征性两方面来说，都是相当正确的。

▲

19 世纪 30 年代的长内裤。
在法国大革命之后，这种
内裤在女性间迅速普及

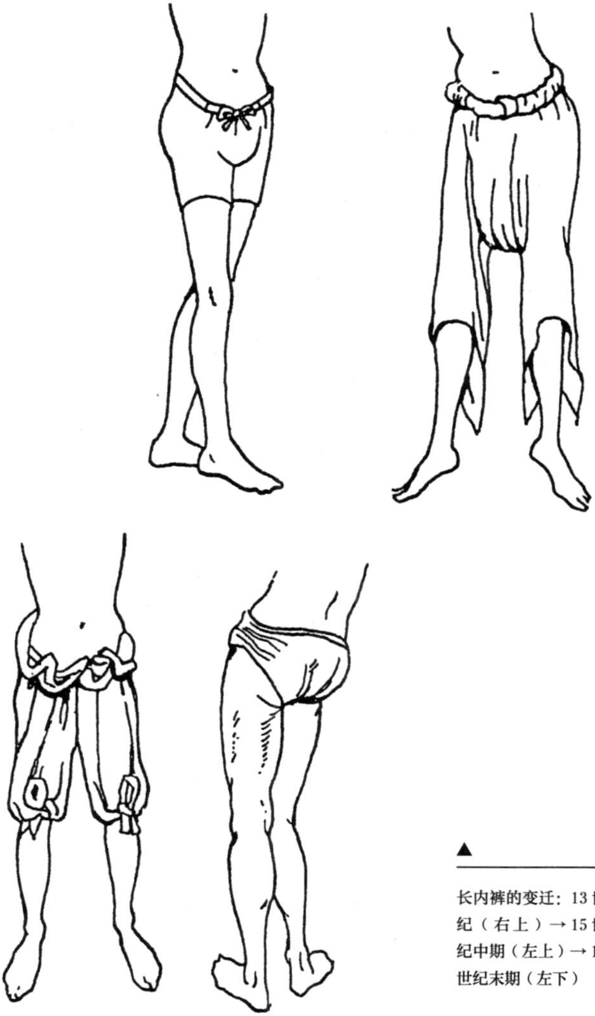

▲

长内裤的变迁：13 世纪（右上）→ 15 世纪中期（左上）→ 15 世纪末期（左下）

黑色与月经的禁忌

日本在第二次世界大战之后，即昭和三十五年（公元 1960 年）前后发生了第一次内裤革命。设计师鸭居羊子等先驱者们，敏锐地察觉到战后繁荣的第一阶段，因此发起了主张“内衣也需时尚”的孔雀革命（Peacock Revolution）。这场革命主张“内衣不只局限于白色”。设计师鸭居制作了许多不同颜色的内裤。不过她认为，黑色内裤应该是没什么市场的，因为黑色会让人联想到生理期的卫生带。

我至今仍然记得，我母亲最早给我的生理用小短裤——当时称作“生理带”——就是黑色的。正如丧葬忌日时要穿着黑色一般，黑色给人一种污秽的印象，所以只要我一穿上那件短裤，就觉得自己正在进行某种斋戒。再说，当时也没有什么良好的生理用品，因此内裤经常沾到经血。如果是白色内裤的话，脏污处就会更明显。就算不是“衣袖上沾染了月经的痕迹”，自古以来女性的月事期，都会被视为一个不洁、忌讳的时间段。所以黑色对女性而言，也是一种意味着忌讳与不吉的色彩。

月事期间不仅要开始穿有机能性的生理带，内裤颜色的变化也是一个象征性的转变，这对女性的心理产生了相当大的影响。如果这一点没有获得解放，女性是不可能那么轻易就接受黑色内裤的。

近年来，黑色的内裤已光明正大地出现在店铺里，我认为这是因为黑色终于从月经的禁忌中被解放出来了。

除此之外，生理带的颜色也变得五彩缤纷，因为大众认为在生理期这段“忧郁”的日子里，更应该让心情保持愉快，所以出现了粉红色等可爱的颜色。自此，

“月经带是黑色的”这种常识终于被打破。

不久之前，女性都不穿紧贴性器官的衣物。只有在月经期，为了达成机能性的目的，才会在性器官上贴覆东西。

日本在明治时期首次引进自行车，当时人们相当反对良家妇女骑乘。一般人对女性骑马的观感也是如此。俳句诗人西东三鬼就曾经写过“少女亵渎了白马后下马逃走”这一俳句，很明显对于骑马一事抱有性的影射。当时，有东西直接接触到性器官，是相当大的禁忌。到后来，当贴合性器官的内裤出现时，也有人担心女性穿上这种紧身的内裤，很有可能觉得苦闷难受。

这么看来，内裤以现在的形态出现，非常普遍地以最低限度的布料遮盖性器官，还真是人类史上头一遭，也是最近二三十年间才逐渐普及的。我切实感受到这个现象是多么令人惊讶。

▲

内裤的穿法。19 世纪 70 年代，法国

▲

从黑色禁忌中解放

▲

崇尚维多利亚风格的优雅路线、以上流贵妇为客群的邮购型录（封面）

第二次内裤革命

第一次内裤革命的概念是“别人看不见的地方也要很时尚”，于是外在打扮的流行和时尚逐渐融入内裤，过去纯白且没有花纹的内裤渐渐有了色彩和图案。这也是首次打破禁忌，因为这亵渎了“内裤必须纯洁”的观念。鸭居羊子在日本是先驱中的先驱，一开始是没有什么人理解她的。直到20世纪60年代的那十年间，她才真正被接受。

华歌尔的资料显示，20世纪70年代里，米白色、粉色系的内裤占了百分之九十。这个时期，内裤的色彩化已经算是完成了。如果硬要坚持只穿纯白色的内裤，反而会看起来很奇怪。没想到短短十年间，就有了如此巨大的转变。

接下来又发生了第二次内裤革命。在20世纪70年代以前，内裤基本上设计成高腰，之后腰身却逐渐变低，不再只是盖住腹部，而是将布料最小化，缩到只遮盖住性器官的大小。而引发第二次内裤革命的，就是迷你裙。

裙子长度的缩短和内裤的变化成正比。长内裤最初的长度也到膝下，随后逐渐缩短到膝上，再渐渐变短。迷你裙则几乎可以看到内裤若隐若现的长度。所以当时的人是在意识到“会看到内裤”的前提之下，把外衣和内衣搭配在一起思考的，这跟网球裙是一样的概念。

而其决定性的影响，就是裤袜。这意味着内裤和袜子合而为一了。裤袜，基本上就是一种“会被他人看到”的东西。有人说裤袜是昭和时期的贞操带，对男性来说，是难攻不破、不知道怎么脱才好的东西。但是有业者反过来利用了这一点，类似“下空[1]咖啡店”的场

1 此处指不穿内裤，直接穿着下装。——编注

所便应运而生。这种风俗场所的特点就在于虽然不能出手触摸，却能享受那种若隐若现的乐趣。接下来又出现了在裤袜上缝上开裆布的现象，内裤和裤袜就此合而为一，所以“下空咖啡店”可说是已经普遍地出现在大街小巷了。

随后，裙子的长度又再度变长，紧随其后出现的便是长裤的热潮。自此，裤装就完全成为女性流行元素之一了。那时候是20世纪70年代。在此之前，女性穿长裤是很特殊的现象，只有在战争中女性才会穿工作裤，只要穿上牛仔裤，就会被认为是“今天有抗争游行”。今天，牛仔裤已经成为流行要素之一。在长裤被公认为是女人时尚元素的一部分之前，女性已俨然获得穿着“男装”的权利。长裤流行的潮流当中，一些没有被反映在外衣上的诉求也随之体现在内裤上。

以往，花街柳巷里真正有美学意识的女性都认为，穿着和服时不应该穿内裤。据说这是因为她们认为内裤的线条会影响和服的美观，而且穿上内裤，行动也会变得比较大胆。有些穿着较为时尚的人，在裤袜底下也不会穿内裤。如果穿了内裤再穿裤袜的话，内裤的松紧带会紧包着臀部，影响从外部看起来的臀部线条。由于这些人的此类需求，内裤便逐渐缩小，最终无限地趋近于卫生带的形状。

在第二次内裤革命持续的最近数年间，又出现了高衩的内裤。高衩内裤已经非常接近蝴蝶型内裤了。这种内裤去除了装饰性，再次贴近如同卫生带和蝴蝶型内裤这种最低限度的布料。所以在第二次内裤革命之后，我们可以说性魅力的路线再度出现了。

不过，这种内裤的出现很有可能是由于运动风气渐盛以及有氧体操的流行。也就是说，如果不穿高衩内裤，就没办法穿高衩的紧身衣（leotard），因为剪裁方式完全不同，内裤很可能会从紧身衣里露出来。如果不好好搭配的话，看起来就会很不得体。最近甚至还出现了紧身衣专用的裤袜，可以拉到大腿根部很高的地方，所以就算穿着高衩的紧身衣也不会露出来。这种大胆剪裁所包含的性暗示意涵，被隐藏在健康背后，也就是说，带有展示性魅力的动机。

在这二三十年间，另一个相当惊人的变化，就是“每天都要更换内裤的习惯”似乎已经在人们心中扎根了。对当时的日本社会来说，每天更换内裤是一种比较新的观念。最初是因为要保持清洁才开始的行为，而后轻易地养成了习惯，所以当时的人们每天都换穿一样款式的内裤。直到日后开始流行加入多种颜色、花样、材质的内裤，人们才开始每天穿着不同样式的内裤。到了今天，女性放置内裤的抽屉，早已像放满了五彩缤纷的手帕一样缤纷多彩。如果有人只穿同一种颜色、图案、款式的内裤，就会被认为是个顽固而保守的人。再不然就是在父母的监视之下，不能随心所欲购买内裤的少女。

流行是每天与时俱进的，一旦连内裤也可以每天变化，人就会产生“内裤也想让别人看”，或者是“内裤可以被别人看”的意识，反而变得不自由了。在这之后还出现了蚕丝材质的内裤，像这种内裤是否应该被称为“盛装”呢？原本不给外人看的内裤，只是微不足道的物品，但是当内裤的“盛装”正式登场，就意味着很有可能会被他人看见，也意味着普通女性越来越开放了。内裤的流行化和性行为的开放有着密不可分的关系。这和 20 世纪 70 年代的性解放相互呼应，然而其变化、规模和速度，实在不容小觑。

内裤未来的发展有两个方向，其一是极端的贴身衣物，也就是附有裤袜的内裤。内裤部分附有开裆布，也有造型的机能，所以会变成调整型内衣和裤袜连在一起的款式。这种内裤在 20 世纪 80 年代的美国等国家和地区已经蔚然成风，价钱虽然高了一点儿，但是还不算太离谱，大约是 1600 日元。市面上有许多调整型内衣都要 5000 ～ 10000 日元，所以那个价位也不算太高。尤其是现在的内裤不像过去的那样容易脱线，还算耐用，因此有普及的可能性。

内裤与裤袜之所以会一体化，说得极端一点儿，或许和不穿内裤的行为有关。这也意味着，出现“下空咖啡店”女服务生的情形将会更为普遍。

根据调查，人们经常会同时把内裤和裤袜脱掉。女人被男人脱掉衣物时，两者也经常是被同时脱掉的。只有在特别需要礼貌时，才会把这两者分别褪去。

无论是不穿内裤，抑或是一体成型，都显示出“内裤＋裤袜”的叠穿法已经落伍、跟不上时代了。

至于内裤未来发展的第二个方向，则是细绳型的内裤，也就是极端减少内裤布料的方向。因此，我认为内裤或许会再次回到蝴蝶型内裤或卫生带的原点。

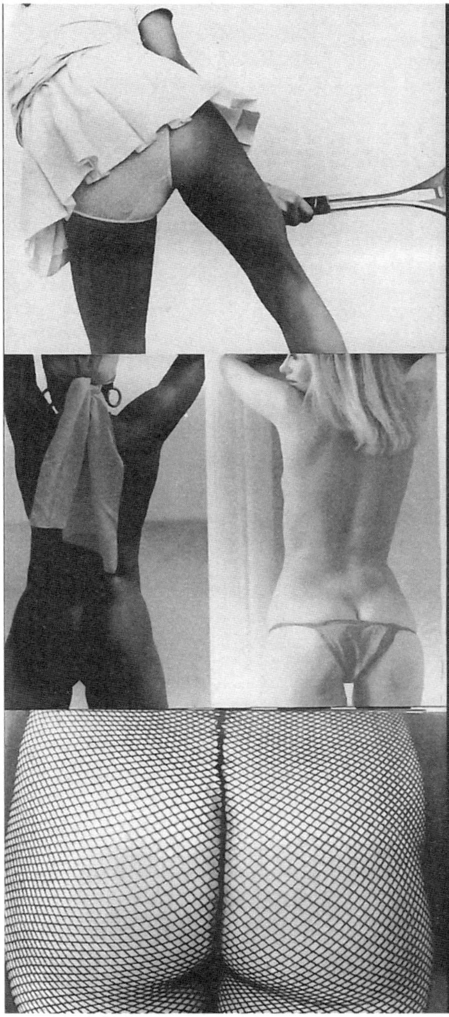

▲

内裤的背影（*Rear View*，Delilah Books，N.Y.）

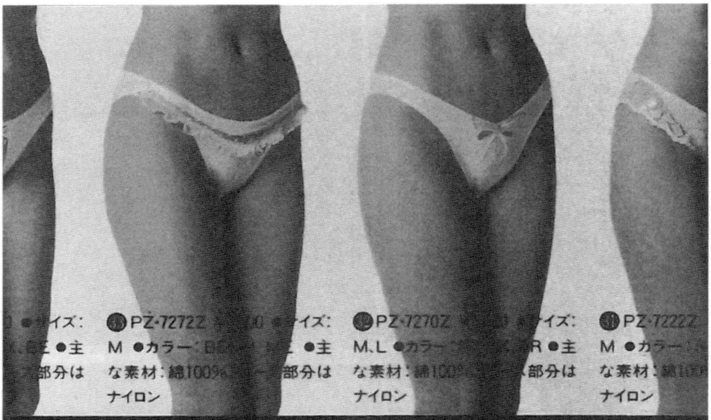

▲

款式与颜色的冒险（来自日本的新式彩色内裤型录）

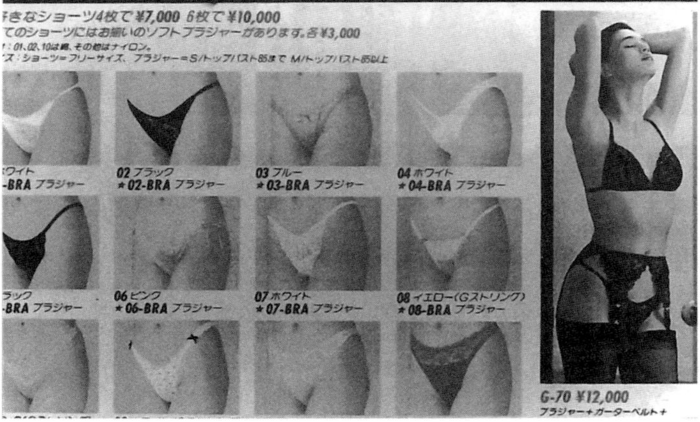

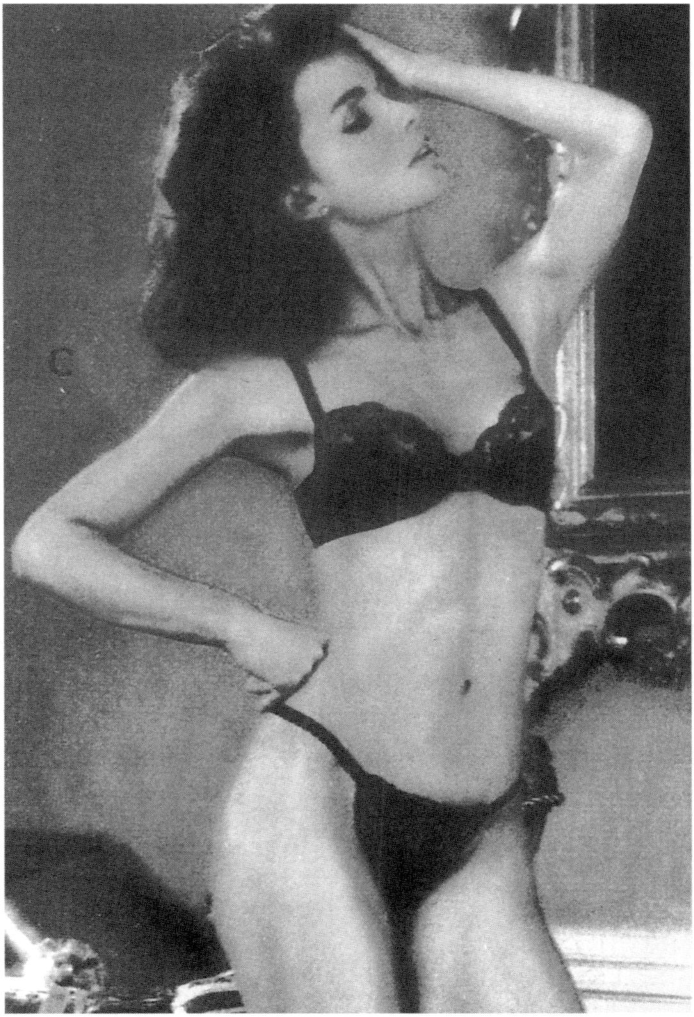

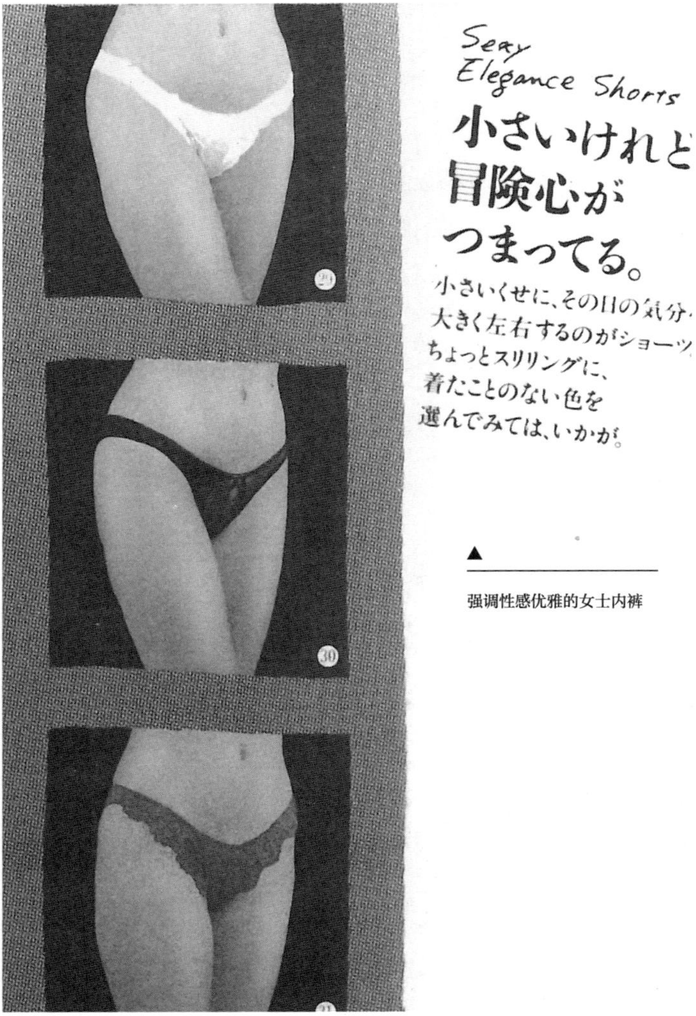

▲

强调性感优雅的女士内裤

第二章

内裤与性器官管理

三角裤与平角裤——噩梦般的选择

无论是女性还是男性的内裤，在这短短二三十年间都经历了剧烈的转变。像内衣这类很容易养成个人习惯且偏向保守的物品，以十年为单位出现大改变是很少见的状况。这种转变并不像流行一样很容易让人察觉，却暗示着比单纯的流行现象更深层的变化。比如，男性的内裤看似曾经由平角裤款式变化为三角裤，然而在二十多岁的男性之间，现在又从三角裤重新回到了平角裤。这样的变化究竟意味着什么呢?

举个例子，青春期的男孩子穿的内裤样式往往由母亲决定。如果母亲买了三角裤给儿子穿，那么平角裤的文化，究竟是如何在男孩子之间传播开来的呢？想必是男孩子们脱离母亲的掌控之后，依照自我意志重新挑选内裤而扩散开来的吧。男孩子们就是通过重新挑选内裤的举动，对母亲强迫他们接受的三角裤文化提出抗议。

男性挑选内裤，有两个主要的决定因素。一是母亲希望他穿，二是妻子强迫他穿。因为男性没有自己购买内裤的习惯，只好接受女性替他购买的内裤。在我所知的案例中，有的男性是借结婚这个契机，被迫由平角裤改穿三角裤的。直到脱离了妻子的掌控之后，才又重新穿回平角裤。有的男性则是脱离了孩童时期母亲的“强迫”之后，第一次为自己选择了平角裤。

不过，男性的内裤选择只有三角裤和平角裤两个选项，并且在“女性支配”以及“脱离女性支配”这两极之间游移。女性支配总是和三角裤站在同一边，这很容易理解，因为三角裤确确实实地发挥了其包覆的功能。一般而言，女性不太喜欢联想男性的性器官在平角裤里晃来晃去的样子，所以倾向于有包覆、隐藏功能的三角裤。

家务劳动与内裤的关系

当我们将以上的事情和家务劳动联结在一起思考时，会发现一些很有趣的事。人类文化学家梅棹忠夫对家务劳动有着独特的看法。一般人类文化学家的文明观是把行动模式等软件（pattern）放在中心点，梅棹忠夫文明史的特征却是把硬件（装置）放在中心点，把文化和文明分开来思考。他认为首先家庭是硬件的集合，也就是装置，接着再来思考如果这些装置的技术有所革新，那么整个软件会发生怎么样的变化。这有点儿像技术文明史观的研究方式，但是和单纯的经济决定论又有所不同。

举例来说，针对“技术”究竟属于马克思主义中的经济基础还是上层建筑这一问题，就有许多不同的看法。由于现实的状况是无论有多少个技术的选项，如果社会结构不改变，技术就不会被采用，因此科技应该算上层建筑。稳健的马克思主义者则是将其定位在上层建筑与经济基础相接的位置。最近也有越来越多欧美的社会史研究者，以装置的观点看待家庭，来进行家务劳动历史的脉络研究。

其中，最大的变化，要数伴随家庭电器化出现的家务能源革命。日本大约在 20 世纪 50 年代开始，美国则是早了二十年左右，在 20 世纪 30 年代就发生了这场变革。美国无论是第一次世界大战还是第二次世界大战，都没有遭受太大损失，因此 20 世纪 30 年代就出现了日本所谓的消费社会化现象。当时美国也出现一些“家电制品海报”或“广告台词”的家务劳动相关研究。这些海报的构图往往会出现一个像贝蒂娃娃[1]的美国女性，站

---

1 Betty Boop，美国的卡通明星。——编注

在老旧的搅拌式洗衣机旁边，仿佛在说：“让太太从粗活劳动中解放出来。”

家电用品是否
真的减轻了洗衣劳动

正如这个广告所展示的那样，当家庭用品电气化之后，对主妇而言最大的福音就是洗衣机。因为在家务劳动中，最辛苦的就是洗衣服。如果位于取水不便的地区，光是走去提水就相当辛苦，就算有取水泵，也要通过反复按压水泵来汲水，非常辛苦，更别说之后搓揉衣物的环节了。所以，纵观历史，家务劳动中最先以职业划分出来的就是“洗衣妇”。洗衣服是女性最不想做的劳动，也因此，下层阶级女性最容易迅速赚到钱的工作就是“洗衣妇”。

虽然洗衣机的普及率上升了，但在20世纪30年代时，有人针对“洗衣劳动实际上是否有所减轻？”进行了研究，对洗衣机在大众之间普及之前与之后的情况作了比较，结果却是否定的，也就是说“劳动完全没有减轻”。这是因为，每一次洗衣服的工作的确变得省力了，但是这反而造成洗衣服次数的增加，比过去更为频繁。比如，纵观欧洲人的历史，他们一直过着相当不卫生的生活。他们没办法经常更换床单，常常是一两个月都使用同一条床单，内衣裤也不可能经常更换。但是随着洗衣机的普及，床单就能从过去的一个月更换一次，变成一个星期更换一次，内衣裤也可以频繁地换洗了。此外，初期的洗衣机都很粗糙，容易让衣物脱线或损害布料。由此观之，当时洗衣机的出现绝对无法减轻家务劳动的负担。

人们是从什么时候开始每天更换内裤的

有趣的是，洗衣机的引进和更换内裤的频率具有相关性。在日本，洗衣机大约在 20 世纪 60 年代得到普及。也就是说，（以 1989 年来看）现在四十多岁以上——也就是 20 世纪五六十年代出生——的男性，当时正经历从平角裤被迫转换到三角裤的时期。而且大约在同一时期，他们开始被妻子要求每天换洗内裤。如果问这个时代的人们："小时候每天换洗内裤吗？"无论男女都会回答："没有。"每天换洗内裤的概念，似乎和洗衣服的频度有很密切的关联。而洗衣服的频度，又和洗衣服的省力化有关。在家务劳动省力化机器出现之前，女性不可能主动提出这种会增加自己负担的要求。而现在我们也知道了，她们在过去也没有这么做。

硬件的变化形成了“卫生”的观念

日本在20世纪50—60年代，出现了“内衣裤要每天换洗”“就算洗到褪色也要穿干净的内衣裤”等卫生观念。如果没有发生硬件的技术革新，想必也不会形成这样的内裤卫生观念。

在20世纪60年代自动洗衣机普及的同一时期，出现了使用瓦斯的浴室。早期，若要在家里洗澡就必须劈柴烧水，光是把火生起来就要花很大一番功夫，所以顶多只能三天洗一次澡，状况较为严苛的时候，甚至一个礼拜只能洗一次。在农村甚至有邻近几户轮流准备热水、互相到别人家洗澡的习惯。因为开始养成了洗完澡后换穿新内衣裤的习惯，所以技术革新和洗澡的频率、内裤换洗的频率都有关联。

尤其，早期的水是很贵重的资源，若从这个层面来看，洗澡的次数和洗衣服的次数的确也是成正比的。人们会用洗过澡的水来洗脏衣服，因为不能浪费水。

内裤的管辖权
在妻子 = 主妇手上

我们从许多的调查与研究中获知，洗衣的劳动是属于女性的劳动，所以替换内裤的习惯也是由家里的主妇决定的。家庭成员们并不是自己因为卫生的需求主动替换内裤，而是因为主妇的要求而强制换洗。所以一提到内裤，女性可说是掌握了主导权，管理丈夫与孩子的内裤是妻子的责任。因此在某种意义上，内裤的选择、换洗的频率、内裤的管辖权都在主妇手上，丈夫与孩子的权利都是被剥夺的。以性别分工的结构来看，管理家中的衣、食、住是主妇的责任，长久以来，“丈夫连自己内裤放在哪里都搞不清楚”是很普遍的现象。

近年来，首都圈的某个地方政府制作了“男性自立程度初级测验”的小册子。十个项目当中，如果符合的项目在五项以下就是“即将成为产业废弃物型”，符合五到七项是“发展中型”，符合八项以上则可以获得“合格”的评价。这实在不像政府的作风，因此大获民众好评。而其中有一个项目就是“知道自己内衣裤摆放的位置（可以自己找到内裤和袜子）”。

从这点可以看出，管理（包括选择与维护）内裤的人是主妇。而实质上，主妇以外的家庭成员却被剥夺了这项选择权。内裤的颜色、图案、款式全都在主妇的专权之下，丈夫和孩子对于内裤，无论是款式或颜色，原则上都是没有选择权的。如果对自己的内裤要求这要求那，会被认为是“婆婆妈妈”的行为，因此就这样被单方面地决定了要穿白色的三角裤。

管理内裤
等同于管理性器官

女孩子的情况也是如此。虽然现在已经随处可见各种式样可爱的内裤，但是女孩子要开始独居生活后，才能为自己买内裤。住在家里的女孩子会抱怨不能买可爱的内裤。小的时候母亲会选好，然后买给她们，直到某个年纪她们才有选择权。尽管如此，要是她们买了颜色比较鲜艳的内裤，母亲又会说："怎么买这种内裤……"或者"要尽量买米色或白色的"。因为洗衣服的工作仍在母亲的管理之下，所以还是逃不过母亲的监视。

内裤的管理和性器官的管理相关联。主妇实际上是通过内裤对家人进行着性器官的管理，因此其他人根本不能随心所欲地买内裤回家。随心所欲地购买内裤，在某种意义上是对主妇监督权的一种反抗。而且如果是女孩子，假设她因为强大的自恋心理买了可爱的内裤，在母亲看来却是："买这种内裤是要穿给谁看？"将此归因于性魅力因素。换句话说，就是母亲会出现"这个孩子也逐渐有情欲了"的反应。或许母亲会认为女儿有意将性器官以及象征性器官的物品对外界展示就是在表现情欲，因此对于女儿产生情欲这件事感到反感吧。

走读的学生们，似乎都相当顾忌母亲的这种心态。即便是自己买的内裤，仍然会在母亲喜好的范围内做选择，不会选择太"奇怪"的内裤。一般来说，通常颜色鲜艳或是黑色的内裤，容易引起母亲的嫌恶。换句话说，也就是那些会暗示性魅力的内裤。不过，实际观察女孩子们挑选内裤的基准，就会发现根本不会发生那些会让母亲担心的状况，也不会出现类似"下次跟男生去约会的时候，不能穿太高腰的内裤"那种从实际层面出发挑选内裤的情形。女孩子们比母亲想象的要更单纯。说实话，住在家里或宿舍里的女孩子，都没办法这么轻易地外宿，所以在挑选内裤时，并不会预想到是要给男孩子看的，或是可能要脱下来的状况。

如果是这样，那么女孩子们之所以会被各式各样梦幻的内裤所吸引，就是出于自恋心理了。事实上，自恋心理的确是“性觉醒”的其中一个阶段，甚至很可能是终极目的。不如这样说吧，需要对象的性爱不过是一种媒介，自体性欲（autoeroticism）才是自恋的目的。

所以，女孩子们的心理，其实并不如母亲所担心的那样，即便对母亲的监督权有想要反抗的心情，比如较有自主性的女孩子，碰到母亲不喜欢的衣服，很可能会说：“我会用自己打工的钱买，所以妈妈就别管那么多了。”但是对于内裤，态度却会更趋于保守。这仍然和“洗衣机这个硬件是由谁管理的”这一点有所关联。

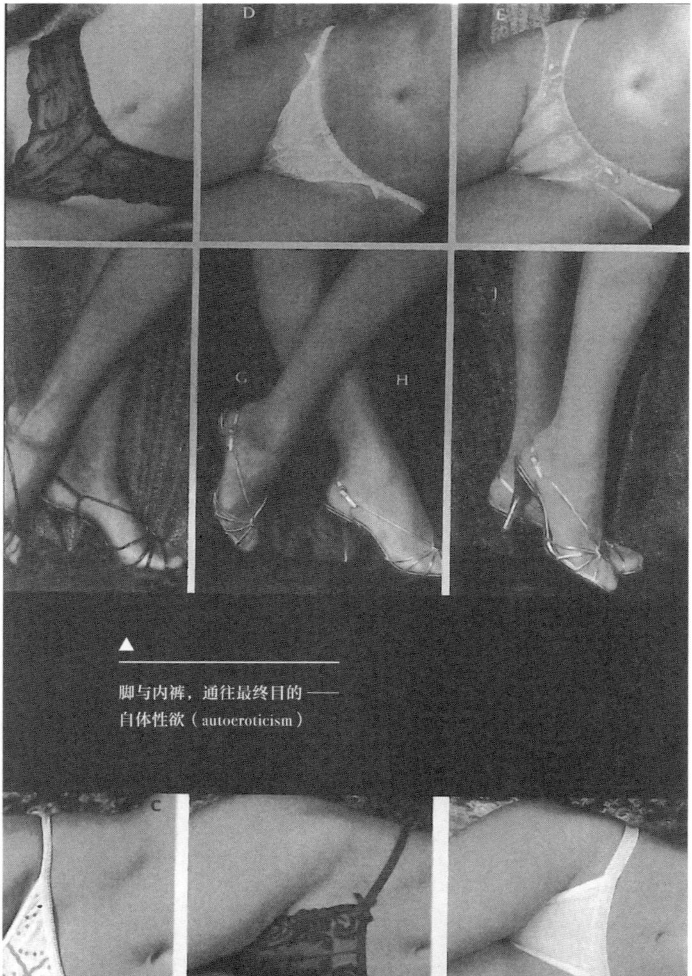

▲

脚与内裤，通往最终目的——自体性欲（autoeroticism）

Paris, 1983
Spring-Summer

部分女孩转向自我管理

我是一个被过度保护的女儿，我的母亲会为我清洗一切物品。母亲对于我这个凡事都依赖她的女儿，曾经一边抱怨，一边得意地告诉周围的人："这孩子连一条手帕都要我帮她洗。"但是我身边更有家教的女孩子，大多都在来了初潮之后，就开始手洗自己的内裤和手帕。尤其是被经血弄脏的内裤，会和别的衣物分开，自己偷偷地手洗干净。

洗衣服的时候，会产生一种"脏"的概念。比如，很多人会把内衣裤和外衣分开洗，也不会把手帕和袜子放在一起洗，有的人还会把男性衣物与女性衣物分开，等等。如果需要洗的衣物量较少时，就会这样区分。家务评论家犬养智子在20世纪60年代首次提出“家务革命”运动。当时犬养说要把室内拖鞋和运动鞋丢进洗衣机里洗，主妇们对这个想法频频蹙眉。这种合理性却引起了很大的反感。犬养甚至还说过“把马铃薯丢进洗衣机去皮都无所谓”。这反而证明了一般大众对于把袜子和内裤或衬衫和上衣丢在一起洗，是多么地无法接受。

单次洗的衣服量较少或是手洗时，多数人会将衣物区分开来，然而硬件还是改变了人们的习惯。随着洗衣机容量逐渐变大，逐渐省力化，人们自然而然地减少了洗涤的次数，把衣物全部混在一起洗，不再分类。这么一来，袜子也会和衬衫一起洗。到了这个地步，自己洗自己衣物的这种习惯，也会在瞬间消失。

男孩们深切的疏离感

男孩子们也和女孩子们一样处于母亲的掌控之下，由母亲负责选择、管理内裤。这和性器官的管理是相连的——倒不如说，男性受到的管控更为强烈吧。相对于女孩子的初潮，男孩子们会自慰和梦遗，内裤也会被生理反应的分泌物弄脏。在第二性征出现之后，逐渐出现这些状况，母亲却一手掌握了这些秘密。所以，比起女孩子，男孩子的疏离感更重，因为男孩子被禁止洗自己的内裤，就算内裤再怎么脏，也还是必须交给母亲，这样一来母亲对于发生的事就会了如指掌。这就是真正可怕的、对性器官的彻底管理。因为在性器官周边发生的任何变化，都会呈现在内裤上。

如果是女孩子，在家教比较好的家庭里，随着初潮的来临，内裤会开始变成自己的管辖范围。而生理带，是不可以让母亲洗的东西。再说，生理期经常会无预兆地开始，所以内裤常常会不小心沾到经血，而沾到经血的内裤基本都要自己洗。所以女孩子大都会以初潮为契机，开始养成自己洗内裤的习惯。男孩子却没有这样的选择权。

在这样的前提下，通过洗衣服的行为，男孩子们便必须接受母亲对于他们永无止境的性器官管理。更有甚者，就算已经从乡下搬到东京去住宿或工作，母亲还会千里迢迢地上京替孩子洗衣服。或者是他们逢年过节回家，包里装的全都是待洗的衣物。当快递这种行业出现之后，甚至还有人用快递将脏衣服定期寄回家清洗。即使自己的儿子已经老大不小，是个成年人了，竟然还有母亲会得意地说："我儿子的内衣裤全都是让我洗的。"一旦这样的关系固定之后，儿子明明已经离家独自生活了，控制他们性器官的遥控器却好像仍握在母亲的手中。

妻子与母亲的霸权之争

当这种懦弱的男孩子长大成人，结了婚之后，管辖权又很自然地转移到了妻子手上。接着，在妻子与母亲之间就会开始上演内裤与性器官管理的战争。这里有一对年轻夫妻离婚的案例。男性的母亲在换季时来到这对新婚夫妇的家里，检查了儿子衣橱里的内裤，用新的内裤换掉了旧的之后离去。妻子对此事感到怒不可遏，对丈夫说：“你去和妈妈说以后不要再做这种事了。”丈夫却反问：“为什么？妈妈很贴心地替我做了这件事，不是很好吗？既然是她的好意，为什么不能接受？”丈夫完全无法理解妻子的不愉快。以这个案例来说，不光是内裤，在其他事情上，丈夫也都和他的母亲过度亲近，最终导致夫妇离异。大抵上在这种类型的离婚案例中，妻子一定都会说："他真的不坏，只是……"丈夫的个性通常很温和。所以妻子会说："他人还不错，可是一说到我婆婆……"然而丈夫就是无法理解妻子在说"可是一说到我婆婆……"时，她所意味的"对丈夫与母亲间关系的不满"。

近年来，年轻夫妻离婚的原因中，"与家族关系不和"所占的比例相当高。然而这和过去婆媳之间不睦的状况有所不同，就算没有和公公婆婆同住，最主要的原因还是来自没有"断奶"的丈夫和其母亲之间的关系。所以许多妻子才会在谈到丈夫时说："他人不坏，只是……"而围绕着内裤出现的这种纠葛问题，就是极具象征性的情况了。这就是妻子与母亲之间，围绕着掌控内裤——尤其是掌握性器官——的霸权之争。妻子也想获得这个霸权，不过无论谁掌握了这项霸权，对丈夫来说情况都不会有所改变，因此这或许也是丈夫会无动于衷的原因吧。

丈夫无法理解妻子这种不愉快的感受。因为他从出生开始，就处在母亲严密的管理之下，内裤这个东西对他来说只是一个有疏远感且没有意义的东西，只是因为它的机能性而穿上的东西，由谁来管理都是一样的，顶多是穿上干净的新内裤会感觉很舒爽而已。他早就放弃了性器官的自我管理权，因此无法理解母亲和妻子如此固执坚持的心理。在母亲与妻子针对性器官管理的纠葛之中，男性是完全被排除在外的。

主妇在背后掌控着全家的内裤

日本男性被剥夺了自己洗衣服的权利。所以当衣物被自己弄脏，不得已要自己去洗的时候，就会有一种非常愧疚的心理。他们会持有和幼儿时期不小心尿床了一样的罪恶感和愧疚感，偷偷摸摸地把衣服洗干净。

这和女孩子清洗生理带的时候所产生的愧疚感不同。女孩子在初潮来临之后，被允许清洗内裤，甚至可以说这是必须要承担的义务。因为一般人会认为："怎么可以让母亲清洗这种东西呢？"但是男孩子就算已经性成熟，也不会被扣上必须要自己洗内裤的义务。在家庭里，甚至可以说是被禁止的。如果内裤的数量不对了，还很有可能被责问:“那条内裤跑到哪里去了？”就连内裤的件数都被彻底管理。

这种情况似乎也和硬件有所关联。当洗衣机逐渐大型化，大家就容易把所有的东西都一起丢进去洗。这么一来，无论是女儿的内裤还是儿子的内裤，无论是内衣还是外衣，全都会混在一起洗。这全都掌握在主妇手中。通过晒衣服、折衣服，主妇就这么俯瞰着全家人的内裤。

丈夫替妻子
晒内裤的心情

当然也有反过来的例子，像后来出现的“丁克族”，就有丈夫会替工作忙碌的妻子分担洗衣服的工作。当丈夫替妻子晒内裤时，会是什么样的心情呢?

在日本，即使洗衣服的工作已经逐渐省力化，但是烘衣机的使用还不算普遍，只有气候或居住条件较差的地方才比较普及。如果可以在户外晒衣服，大家还是比较喜欢日晒。日本人很喜欢晒太阳，是非常喜欢阳光的民族，很少有其他民族像日本人一样，买房子的时候那么喜欢选朝南方向。在欧美国家，有许多朝北的住宅，租金或房价也不会因此有所不同。日本也有一些高级住宅大厦配备了烘衣机，不过大部分人都不使用。其中一个理由是维修成本高，另一个理由是因为他们觉得“再怎么说还是日晒比较好”。

在这样的大众习惯下，男性替妻子洗内裤、晒内裤可以说是相当难为情的事情。他们会尽量把妻子的内衣裤混在一堆男性衬衫当中，尽量不让外人看到。甚至还会尽量不让人看见自己在做这件事。例如，许多护士的丈夫都会替妻子分担洗衣服的工作，然而这样的人会异口同声地说：“不想让人看见自己晒衣服的样子。”过去也有很多丈夫会说：“不想让人看见我买菜的样子。虽然我可以负责做菜，但买菜还是要你（妻子）负责。”近几年视男性买菜为禁忌的人已经大为减少，很多夫妻都会一起去买菜，有的丈夫甚至还会独自去买菜。不过洗衣服却似乎仍被视为禁忌，也因此丈夫会认为：“不想让人看见自己晒衣服的样子。”

除此之外，有的男性认为洗衣服并不算什么，但是湿衣物仿佛是“生的东西”，因此对于去晾干“生的东西”产生排斥感。或许这就是“生的东西”和干燥的衣物之间的区别吗？抑或他们认为妻子的内裤和没有个性的手帕根本是两种不同的东西呢？男性对于内裤都会有一种恋物癖。只不过，正因为是恋物癖——说得奇怪一点儿——才会觉得妻子的内裤与邻居太太的是两种完全不同的东西。正因为这种心情会反过来影响自己，丈夫才会对替妻子晒内裤这件事产生强烈的羞耻感。

在有性别分工的夫妇之间，如果丈夫负责洗衣服，那么丈夫是否会对妻子有管理性器官的感觉呢？如果是站在这样的立场，我想应该是有的吧。比如，妻子买了一件新的内裤，丈夫就会立刻察觉："哎呀，这件内裤是以前没看过的。"所以一般来说，通过内裤进行的性器官管理，不是由性别决定的，而是由谁来管理决定的。

新新人类的内裤状况

对男孩子来说，三角裤基本就像母亲的肉体、母亲这一形象的延伸。母亲悄悄地伸出双手，包覆着儿子的性器官——三角裤会让人有如此的印象。

过去我在访问鸿上尚史[1]时曾经问过他："你是从什么时候开始穿不同款式的内裤的呢？"他似乎在经历了日式大内裤一三角裤一平角裤的循环后，重新回到平角裤的时代。我问他："从什么时候开始穿平角裤的？"

1 日本男演员，代表作《茜色天空》等。——编注似乎改变的契机就是他离家后独立之时。还住在家里时，母亲通常买白色三角裤给他穿。离开家之后，他才开始穿平角裤。在那个时代的年轻人文化里，如果穿着三角裤去泡温泉或者去旅游，很可能会被人揶揄有恋母情结，会被取笑说:“你到现在还在穿那种东西啊? ”因此，重新选择内裤也代表着一种独立自主。

近年来，男性内裤的选择逐渐多样化。比基尼型、以“日本内裤”为名重新登场的日本丁字裤等，不仅是样式，连颜色都变多了，选项不再只是三角裤和平角裤的二选一。但是，如果和母亲同住的话，是不可能买什么比基尼型内裤的吧。不过自从竞赛用的泳衣普及以来，世人对比基尼型内裤的抗拒已经降低了不少。随着慢跑的流行，人们对于内衣裤支撑机能也有所要求，这些从运动服饰开始的因素也促进了比基尼型内裤的普及。

然而，就算是经常穿比基尼型三角内裤的男性，要说他们是否为了在女性面前脱掉的那一瞬间而选择这种内裤的，那也不尽然。我认为他们并没考虑到内裤会被看见的情况。这是一种男性的自恋心理。说得更严重一点儿，就是“纨绔子弟主义（dandyism）”。这种主义的定义是“不为人知的自恋情结（在他人看不见之处也要注重时尚打扮）”。与之相对，自恋心理是需要有观众的，缺少观众的自恋心理，就是 dandyism。

换穿平角裤的两大理由

男性与女性都从为自己选择内裤开始脱离了母亲的掌控。比起选择外衣，选择内裤伴随的心理纠葛似乎更为真切。在更早期，就算母亲对孩子们自己选择上衣的行为抱着“这孩子只穿自己喜欢的衣服呢”或是“他老是嫌弃我替他买的衣服”这样的想法，也不会让孩子自由地选择内裤。

男孩子一离家就从穿三角裤换成穿平角裤，其中有两大理由。其一，就是前面讲到的“脱离母亲对性器官的掌控”。不过这只是我的诠释，说不定男孩子们都没有意识到这件事。其二，则是相当注重实际的解释，男性们认为平角裤比较不容易弄脏。因为接触的部分较少，所以可以减少洗衣服的次数。如果男孩子离家自己一个人住，原则上就必须自己洗衣服。这么一来，他们就会想要减少洗衣服的次数。如果穿的是三角裤，每天不换洗就会很不卫生，但是平角裤就可以穿个两三天。

除此之外，若硬要分类的话，平角裤并不是内裤，而是“外裤”。他们可以直接穿着平角裤到处闲逛。慢跑短裤的普及又加速了这个风潮，所以男性穿平角裤就像是穿着外裤一样。

新新人类也会受妻子的掌控吗

不过我更感兴趣的是，男孩子在离家后重新选择内裤之后的事：这些新新人类如果结婚了，是否会接受妻子替他们选择内裤呢？过去无论是男性或女性，都是毫无间断地从母亲的掌控转移到妻子的掌控，或者从父亲的掌控转移到丈夫的掌控的。但是现在人们单身的时间变长了，这些在单身期间选择了平角裤的男孩子在结了婚之后，就必须要接受妻子的掌控。那么这些选择平角裤的人会怎么做呢？

过去，单身期等同于禁欲（celibacy）期，不过现在单身期往往是容易发生性关系的。女孩子们在这段时期，对单身的男孩子们穿着平角裤的样子看得相当习惯。男孩子们甚至会说，“这件是不是很可爱”或“我身上这件很帅吧”甚至“这是我选的呢”。久而久之，女孩子们就习以为常了，从社会风潮的角度来看，也能容许平角裤。即便如此，她们是否会再度强迫男性穿上三角裤呢?

一个案例——象征性的交换仪式

这是我一位年轻朋友的例子。她自从开始和丈夫同住之后，就下意识地让丈夫把平角裤全部丢掉，换成三角裤。其他还有很多妻子以结婚为契机换掉丈夫内裤的例子，所以我这位朋友绝对不是特例。这个时候，她在想些什么呢？我认为这是一种“对方开始和自己同居了，所以对方必须和过去诀别”的象征性仪式。所以她让丈夫把过去的内裤全部丢掉。丈夫则唯唯诺诺地听从妻子的要求，但是丈夫也要求妻子把某种东西丢掉。她要求丈夫丢弃的是过去的平角裤、日式大内裤，丈夫要求她丢弃的则是玩偶。

这对彼此来说都是一种成长仪式（rite of passage）吧。女方是玩偶迷，收藏了相当多的布娃娃。她的床上总是摆着玩偶，要是没有这些玩偶，自己一个人就会睡不着。除了别人送她的外，她自己也会购买。除此之外，她甚至还会自己动手做，可以说是有玩偶恋物癖。婚后丈夫对她说："你已经有我了，就不需要那些娃娃了吧？"因此要求她丢掉。

不过她舍不得丢，毕竟她对玩偶有恋物癖，所以不可能把它们当作垃圾一般丢弃。比较小的玩偶，还可以含泪忍痛丢掉。而大一点儿的玩偶，长久以来都陪着她在床上睡觉，几乎可说是像恋人一般的存在了，怎么可能舍得丢呢？世界上有许多这样的女孩子，对玩偶投入了太多的感情，会把玩偶拟人化。她甚至还考虑把玩偶送人，不过收到的人恐怕会觉得很困扰吧。因为她投入的感情和收到玩偶的人根本毫不相干。接着她绞尽脑汁，想到一个办法，就是把玩偶丢在投币置物柜里，而且实际上她也那么做了。所以我认为，她真实的心理，或许和交了一个新男友，所以必须把和前男友生下的小孩丢进置物柜里的心理如出一辙。

这位丈夫只强烈地要求了这么一件事，他只说：“既然我们要一起住，那就把娃娃全部拿去丢掉。”实在是很有趣的交换条件。这对伴侣在不知不觉间，进行了一种象征性的交换。

第三章

现代内裤的休闲化

母亲为孩子准备的
白色内裤

近几十年来，大众养成了每天更换内裤的习惯。无论是女孩子还是男孩子，如果要出门旅行一星期，都会带着一星期的内裤。早期大多数人会带款式相同的内裤，即使到今天，母亲准备的内裤，每天也都是一样的。

新娘用品的明细当中，有一项就是成套的新内衣。华歌尔其中一项营销策略，就是制作成套的新娘内衣。因为一整套的价格相当高昂，通常都会由母亲买给女儿。根据不同地区的习俗，有些地方的人会把衣柜中的东西全都展示给外人看。早期人们的衣柜里大多摆满和服，现在有的人会放洋服和内衣裤，有些人甚至连这些也都公开给外人看。推销新娘用品清单的营销策略，像是生产用品的明细一样，明列着要有几件塑身衣（girdle）、几件夏天用的内衣裤、几件长衬裙等。

针对这件事，我采访了即将结婚的年轻女性，调查结果显示她们通常会和母亲一起去采购这些东西，甚至会花费好几万日元在内衣裤上，大概要花上十多万日元。内衣裤的单价很低，赚不了多少钱，因此出嫁用的成套内衣就成了相当好的营销手法。比如，清单上会列着：一次买二十条内裤、夏天用和冬天用的胸罩各三件、两三件束胸、几件调整型内衣等。一旦内衣销售员抓住了母亲，就可以用这种推销方式："令爱要出嫁时，请务必来我们店里看看。"

这种时候，内裤的选择权就掌握在母亲手上。虽然出钱购买内裤的人是母亲，但由于使用者是新娘，所以就算现实情况并非如此，这些内衣裤仍然有象征处女的价值。这么一来，白色或象征清纯的颜色的内衣裤自然是优先选项，女儿无法有任何自我主张。事后再回过头来看，女性对于出嫁时带过去的内衣裤，很有可能因为不喜欢就完全不穿了。从结果来看，这就成了一种浪费，不过很多人还是会一口气准备十年的内衣裤。而出嫁时带着母亲准备的成套内衣裤，也等同于结婚几年之后，“母亲对内裤的掌控”还在持续着。

华歌尔的宣传册上出现过一个例子：有一对去夏威夷蜜月旅行的新婚夫妻，他们“出门旅游一星期，共带了二十件内裤”，其中一个理由是，一旦内裤脱下来，就绝对不再穿了。这实在是有点儿病态的洁癖。

女性每天更换内裤

当女孩子开始为自己选择内裤之后，就不会想要一整个礼拜都穿相同款式的内裤，而是会每天换穿不同的样式。这和收集手帕的道理相同，女孩子们会开始享受选择不同样式的乐趣。若非如此，百货公司里面的内衣卖场便不会越做越大。每天都穿相同款式内裤的人，一定是家庭教育比较老派的千金小姐，除此之外的人会每天换穿不同颜色、款式的内裤。这么一来，就必须每天做选择，每天考虑今天到底要穿哪一件内裤——这算是相当新的现象。每天都有如此多的女孩子在选择内裤，我认为这是一件很不得了的事。只要一去内衣卖场，就会看到五彩缤纷、各式各样的内裤，现在的女孩子摆放内裤的抽屉，应该也是这幅景象吧。

除此之外，现在还有许多人会把内裤当作礼品赠送。也就是说，内裤已经从禁忌中解放，变得非常休闲化了。许多女孩子会把内裤当作礼物赠送给对方。我经常收到女性友人送的内裤，也会送女性友人内裤。内裤的选择变多了，就会让人有一种赠送手帕的感觉。朋友送的内裤会带来一种趣味性，比如，朋友送我一件内裤，即使款式或颜色实在不是我平常会买的，但出于好玩，我也会拿来穿穿看。领带也会让人有这种感觉，不过内衣裤更是如此。每当我要送住在海外的日本女性朋友礼物时，几乎都会送内裤。

另外，每当我去海外旅行，朋友送我的饯行礼，也以内裤居多。送内裤给要去旅行的人，还算是合乎情理的。至于送内裤给住在海外的日本女性，是因为美国卖的内衣裤不适合东方女性的身材。

首先，美国的内衣裤尺寸实在是太大了，而且材质大多是尼龙聚酯纤维，很不透气，穿了相当不舒适，很少有纯棉的内衣裤。日本女性的臀部较小，穿美国的内裤，腰可以拉到很高的位置。我曾经和几位美国女性住在一起，见过她们洗涤的内裤，的确很大件。而且全都是滑滑的、穿起来不太舒爽的材质，很难找到纯棉的内裤。所以我会送朋友比基尼型、纯棉，尤其是有可爱图案的内裤。这种内裤没有办法送给美国女性，因为外表看起来再怎么苗条的美国女性，臀部还是很大，根本穿不下。美国女性一看到我送的内裤礼物，就会一边呵呵笑个不停，一边说:“这简直就是糖果的包装纸嘛！”所以我就回答:“因为日本女孩子的私处就像糖果一样啊！”

姐妹情谊之间亲昵行为的深层意义

话说回来，还是要感情相当亲近的友人，才能够互赠内裤作为礼物。女性友人的姐妹情谊（sisterhood）是个相当有趣的东西，是一种仿佛连人格都会溶解的独特亲密感。除了互穿对方的衣服外，再亲密一点儿的甚至连内衣裤都有可能互穿。女性之间有一种非常特殊的“身体上的亲昵关系”。这种亲昵建立在语言沟通之下，紧紧地贴合在身体之上。

女学生之间的姐妹情谊，经常会被误以为是同性情感，或者是发展异性情感的前一阶段，事实倒未必如此。就算是曾经经历过异性恋的女性，彼此之间也会发展出身体的亲密性，经常会有肢体上的接触。不但会触碰、紧靠，也会拥抱，这些肢体接触对女性来说是家常便饭。肢体接触也是姐妹情谊的一种战略，换句话说，不光是非常亲密的友人之间才会做这些动作，想要营造亲近感时，女性也会利用这种身体上的亲昵行为（intimacy）达成目的。

交换内裤和这种行为有类似的意思。姐妹情谊在日文里被翻译作“姐妹爱”，不过正如文字表面所述，这是一种姐妹关系。姐妹之间，有一种身体上的亲昵，以及仿佛连人格都会溶解一般的关系。

姐妹是可以相互取代的存在

从人类文化学的角度来说，同胞手足（sibling）——相同的母亲所生下的兄弟姐妹——是具有可代换性（substitutability）的存在。人类学的用语当中，有“妻姐妹婚（sororate marriage）”和“夫兄弟婚（levirate marriage）”这两种关系，妻姐妹婚指的是男子在妻子去世后续娶其姐妹的行为，夫兄弟婚则是女性在丈夫去世后改嫁其兄弟的行为。

比如有一位姐姐出嫁后没多久就过世了，一般而言，夫家已经付了聘金，一旦出现这种状况，接受聘金的一方就必须因为送出“劣质品”而退钱。不过聘金是一笔不小的数额，所以很难一下子还清。除此之外，收到的聘金通常用于缔结婚姻的仪式与过程，早已被全部花掉了。结婚之际，新娘那边由于亲戚提供各式各样的帮忙，为了偿还人情也会花得很慷慨。这么一来，从丈夫那里收到的聘金，就会通过亲戚的关系网被分配出去，事到如今说要还钱也还不出来。唯一不用还钱的做法，就是送出“后继者”。在现实和理念上，“姐妹是可以互相取代的”“人格是可以替换的”这些观念都是成立的。这种妹妹可以做姐姐替身的概念，可说是“普世共通”的想法。

日本也有这种妻子在即将离世时在病床上拜托妹妹嫁给丈夫的例子。不光是囿于这种制度，姐妹之间在心理层面也有一种团结意识，因此，从一夫多妻制的社会开始，姐妹嫁给同一个男人、姨母与甥女嫁给同一个男人的案例时有发生。

在日本古老的宗教里，有一种“天津罪”的罪过，亦称为“上通下通婚”，也就是男性与一个母亲，又与她的女儿发生关系的罪。跨越母亲与女儿的世代樊篱，和属于同一个群体的女性发生关系，是犯了近亲相奸的禁忌。所以即使不是妻子的亲生女儿，侵犯妻子的继女也算是一种禁忌。不过对于同辈的姐妹，无论是整个社会还是当事人都认为两者之间有“可代换性”，或是人格的“可复制性”，所以姐妹共侍一夫的时候，她们的感情会很好。一夫多妻的社会里，最棘手的夫妻问题就是妻子之间的斗争。为了避免这种妻子之间的纠纷，一开始就要娶彼此感情好的女人为妻。这种感情和睦的女性们，彼此的关系多是姐妹或姨甥。

正因为有这样的关系，妻子将心爱的丈夫托付给如同自己分身的妹妹时的这种心态，才不会显得不自然。姐妹是不会成为真正的敌人的。

姐妹是否能共享内裤

我对于女性身体的亲昵感，也就是对那种自我界限都要溶解的亲密相当感兴趣。因为我没有姐妹，所以其他女性对我而言是一种陌生的文化，很难理解。长久以来，我之所以没有和女性打交道，是因为我不知道该和她们保持什么样的距离。我认为那是一种未知的生物，所以与之维持了过度的距离，不敢靠近。年轻时，我只要一接近女性就会感到紧张。不过自从有了女性玩伴之后，这种感觉就消逝了。

至于和男性之间，因为有一种社会性的，或者说是文化性的规范规定男与女之间的关系，因此无论是维持身体的距离或是侵犯其距离都非常容易，也很容易习得。也因此，对我来说，和男性之间建立关系是相对容易的，但和女性就非常困难，这也让我很羡慕有姐妹的人。

如果观察姐妹之间的关系，首先就会发现她们会经常交换衣服穿。早上一起床，如果找不到自己原本想穿的衣服，就会想“大概是姐姐拿去穿了吧”，或者是一边说着“哎呀，应该没关系吧……”，一边拿走姐姐的衣服。据说连贴身衬裙也是如此，以至于会让人觉得，该不会连内裤都可以共享吧?

据我到目前为止访查的结果，似乎没有人会共享内裤，不过那种亲昵感几乎和共享内裤没有什么两样。有的人会共享牙刷，如果连牙刷都可以若无其事地共享，就代表着这条自我的界限已经在某处融化了。这种情感在兄弟之间是无法想象的。从这种意义而言，姐妹情谊和兄弟情谊是完全不同的两种情感。一旦这种姐妹情谊成立，把内裤当作礼物互赠的事，也就稀松平常了。

▲ 女性的互赠行为（intimacy）

▲

透明的内裤

“魔罗兄弟”与“御满红姐妹”

日语里面有一个“魔罗（借佛语隐喻男性性器官）兄弟”的用词，我由此开始思考它的反义词。最近我想到了一个词——“御满红（日本对女性性器官的俗称）姐妹”——很可爱吧？“魔罗兄弟”实为一种理想的兄弟情谊，这是男性们都知晓他们与同一位女性发生过性关系的情况下缔结的一种友谊。既然有“魔罗兄弟”，那难道不会有“御满红姐妹”吗？虽然流传着女性会反目成仇的神话，但是我认为“御满红姐妹”或许就是姐妹情谊的原型。

女性之间最理想的关系，就是共有一位男性的关系了。比如，即使不是同时交往的，但是女性与前男友交的新女友，就能达成这种关系。她们可以敞开心扉，畅谈与那位男性之间的关系。例如，自己是如何看待这位男性的，这个男性又有哪些让她难过、难以忍受的地方。不但有共通点，也有相异之处。如果不是曾经共同深爱过那个男人，对他的洞察是没办法达到如此深切又如此正确的程度的。她们会互相说“你也辛苦了啊”，这种同情与理解是无可取代的。

除此之外，女性会认为，毕竟是自己喜欢的男人喜欢上的女人，这个女人一定有什么优点吧。当亲密的女性朋友欣赏自己喜欢的男性时，自己也会很开心。

反之，让彼此之间有关系的女性反目成仇，对男性来说就是可以阻断“女性掌控”的最佳形式了。女性之间团结一致，对男性而言则是最大的威胁。

姐妹情谊若能确立，或许女性因外遇而产生的悲叹剧场就会从此消失吧。在今天，所谓的“外遇”这一概念的成立是独占型的性欲发挥作用的结果。假如有妇之夫和我有了关系，我相信那位妻子和我会是最能相互理解的人。虽然原理如此，但实际执行起来大概会很困难吧。

兄弟情谊有着对立性的结构

妻姐妹婚是指男性续娶妻子的姐妹，夫兄弟婚则是女性在丈夫身亡后，改嫁其兄弟。夫兄弟婚这种行为也出现在世界各地，这也意味着有血缘的兄弟成为“魔罗兄弟”的例子俨然成为一种制度。

在一夫多妻（polygamy）或一妻多夫（polyandry）的制度中，最常见的就是原本就有血缘关系的兄弟或姐妹共侍一妻或一夫的状况。所以有血缘关系的兄弟姐妹很容易就变成“魔罗兄弟”或“御满红姐妹”。在这里，人格的可替换性、取代、复制的概念都是成立的。如果这就是姐妹情谊、兄弟情谊的原型，那么这种关系就算发生在没有血缘的其他同性身上，也不会显得不自然。

但是，“一妻多夫”却比“一夫多妻”来得更困难。一妻多夫的关系中，如果一对兄弟要共有一位妻子，必须制定很严格的规则。在非常贫穷的山地畜牧民族的社会，结婚时如果没有准备二三十头家畜的聘礼给新娘家，就讨不到新娘。但是要繁殖数十头的家畜，至少也要花费三年。这么一来，兄长娶了一位妻子之后，下面的弟弟要娶妻，就得再等三年以上。一旦遇到饥荒，就不可能准备那么多的家畜，而且当地也很贫苦，弟弟就只能忍耐。因此一妻多夫制的实际规则，就是“当兄长娶妻时，弟弟可以与兄嫂同床”。但是当弟弟娶妻之后，就会对兄长的妻子失去权利。这是由于聘金筹措困难，以“新娘使用权”来补偿弟弟必须忍耐的制度。

即使是共侍一妻，其中也有各式各样的规矩。由于当地以畜牧为生，人们会和家畜一起移动，经常有男性把妻子留在家里到山上去，好几个月都不回家的情况。这个时候双方就会互相订立契约，即弟弟的“使用权”仅限于哥哥不在家时，以此形式巧妙地避开冲突。

在一夫多妻制之下，一个丈夫可以在同一个屋檐下拥有许多妻子，并让她们轮流履行“妻子”的责任。一妻多夫制并不会出现如此状况。弟弟是维持家族制度的后备者，次子是家族的预备军。由此可见，兄弟情谊基本上是一种对立性的结构。

“御满红姐妹”有极致的相互理解

一夫多妻制想当然是男性霸权之下的产物。妻子彼此之间也不是因为喜欢才成为共侍一夫结构中的一分子。一夫多妻的社会中，有许多“魔女攻击”行为，妻子之间的纠葛，就经常会被当作魔女或诅咒的原因。可想而知，在一夫多妻制的社会里，男性要周旋于许多妻子棘手的纠葛之间。

比如其中一位妻子生了孩子，如果这个婴儿很快就死亡了，其他的妻子就会被怀疑，可能是谁下咒作了法。其实男性当中也有内心扭曲之人吧。不过正因为男性对于这种妻子之间的纠葛感到棘手，所以会倾向娶一开始就感情良好的姐妹。

以女性的立场来看，共享同一位男性可以说是亲密关系的极致体现。女性和非常亲密的好友，会出现想要共享男性的心情："有这么好的男人，真想借给你啊！"如果看到对方一脸幸福的样子，还会这么说："怎么样，我说得没错吧？"对方也会回答："嗯，他真的很好。"这种时刻的相互理解，可以说是终极的相互理解吧。也就是说，这是一种把最好的东西和最亲密的女性朋友分享的心情。

比如，当密友非常悲伤时，无论我再怎么抱紧她、给她安慰，即使同样是女性也仍旧无法触及她悲伤的核心时，我心里曾经出现过一个念头：欸，要是这个时候有个男人用他的"魔罗"来跟她翻云覆雨一下就解决啦！这时候会出现一种情绪，觉得想把自己的男人出借，要是这样可以安慰到她的话，又有何不可呢？如果是这样就会觉得幸福的话，那么给我幸福的男人，一定也可以给她同样的感受吧。因为我会觉得，对于在悲叹不已的女人，有时候就是要有什么东西进入她的内心，才能获得满足。虽然身为女性的我做不到，但是男性就可以。

理想的女人世界是“不需要男性的共同体”

不过，上述这种关系的架构是：女性通过“男性”这种媒介建立起一种孪生姐妹（twin sisters）式的姐妹情谊。这或许也是今天这个异性恋（heterosexual）社会当中，异性恋女性们的极限吧。如果更像是女同性恋的关系，就可以创造出不需要媒介而相互贴近的关系，所以这种“御满红姐妹”的姐妹情谊，或许可说是异性恋女性创造出来的“姐妹情谊的极限”。姐妹情谊必须永远有媒介，或是一面镜子。而这或许正是女性彻彻底底地被异性恋所亵渎的证据。但是只要女性能将其除去，就不再需要男性了。

姐妹情谊是一种女性对女性的爱情，但是异性恋的女性只能通过男性这一媒介对女性表达爱情。所以女性主义的理想，是去除媒介，建立不再需要男性的姐妹情谊，或者是创造不需要男性的社群。女同性恋分离主义（lesbian separatism）就提倡这个概念。

女性创造出这样的社群，会展露快乐的笑容。不过这种快乐只是一种反对的快乐，只有在要反抗的对象存在时才能感受到的快乐。如果异性恋的世界不存在了，或许这种快乐也会跟着消失，只剩下荒凉寂寥的世界。但说实话，女性自体性欲的终极目标，或许就是梦想着建立起“无论是在女性之间还是在与自我的关系之中，都不需要男性”的乌托邦吧。

在说“不需要男性”的时候，对抗性的观念结构仍然存在。因此，或许女同性恋者听了会感到愤怒，但我的假说认为，女同性恋是异性恋世界的副产物。所以女同性恋只会在异性恋世界存在的时候存续，换句话说就是“女同性恋主义是对抗主流的意识形态（Counter Ideology）”。也就是说，女同性恋潮流是非常具有时代性的意识形态，唯有社会被编制成完全的异性恋时，才会产生这样的反动性历史产物。所以我认为当时代变化时，女同性恋主义也会随之变化。不过女同性恋者绝对不会认同此观点。她们大概会这么说：“你们只是因为被异性恋所压抑，所以才无法察觉女人本来的天性罢了。”

更换内裤，
性器官的感觉也会跟着改变

内裤实用主义休闲化的发展，带给人们更多的选择余地。人们有时候会按照心情选择，有时候会按照TPO（时间、地点、场合）选择，有时候则是为了搭配外衣做选择。关于如何选择内裤，我调查后发现了一件事：许多人在穿着朴素时，会特地搭配华丽的内裤。因为内裤穿在里面谁也看不到，所以会让人产生兴奋的感觉。尽管有各式各样的选择，但是每天都要在如此多的选项当中做选择的这一行为究竟意味着什么呢？

内裤就是性器官的包装纸，因此每天在众多选项里

更换内裤的行为，以一种跳跃式的说法，即其中潜藏着一种“以流行时尚改变性器官感觉”的意义。这也和性器官的“零件化（parts）”“卡带化（cassette）”在女性之间蔓延的现象不无关系。

所谓的零件化、卡带化，意思就是可以任意取下替换，只要变化包装就能改变性器官的感觉。

对男性而言，性器官本来就是卡带一般的东西，有一种零件可分离（detachable）的感觉。而女孩子可以每天以不同的心情或意味更换内裤，让我觉得这一定和“性器官对女孩子来说，已成为可分离零件”是有关的。也就是说，女性对性器官的感觉，也逐渐和男性一样了。

内裤的休闲化
与性行为的开放

女性的性观念（sexuality）确实是在逐渐地男性化。

人类的仪式当中，有一种净化仪式（purification ritual）。比如，曾经和某位男性同床时穿过的那件内裤，不会在可能会和其他男性发生关系的场合下再穿。这是一种切割，像驱邪仪式那样。场所和物品会有一种“恋物”性的象征价值，就像有的人会很珍惜第一次和初恋情人约会时穿的衣服，不会穿那套衣服和别的男人去约会。这种心态对内裤也同样适用。而以完全相反的观点来看，只要换了不同内裤，心情和感觉就会完全不同，也可以净化自己。只要一切割开来，无论做什么都无所谓。

稍一换穿内裤，就可以改变性器官的感觉。如此物化内裤的行为，也等同于物化性器官。某种程度上，性器官的意义已经从性器官本身扩大到其周边物品上。这么一来，女性也产生了一种恋物癖。对女性来说，性器官或许也成了一种可分离的零件，也就是说，性器官和自己的整体人格并不相关，只不过是个零件。这种恋物癖或许就和女性对性器官的这种感觉是相关的吧。

因此，在内裤逐渐休闲化的同时，性行为也逐渐开放。对女性而言，性行为不再是一种“命运式”的东西。比如，再也不会有人认为“无法忘记初次与我发生性关系的男人，因为他对我来说是会烙印在今后‘性的命运’上的存在”，或者是抱着“一旦和我睡了，就要对我的人生负责”之类的想法。今天几乎不会有人有这种观念。所以，即使今天整体社会的男性正在女性化，但是在性行为这方面，女性可说是正逐渐地男性化。而内裤的休闲化，就是一种性器官零件化的象征。

第四章

心理

镜子国度的自恋情结

异常淫秽的日本色情媒体

日本的情色媒体（pornography）中，色情书刊（封上塑胶封套避免顾客在店里翻阅的书籍）文化扮演了一个相当独特的角色。与其说以塑胶封套把书籍封起来很独特，倒不如说独特的是“不能让他人看见性器官和阴毛”的这种日本伦理规范。比起欧美的情色媒体，日本的情色媒体给人一种异常淫秽的感受。除了展示方式（display）和姿态（posture）外，传达的信息也充满了性欲（erotic），给人以下流之感。尽管是软色情（softcore pornography），但传达的信息带有能与硬色情（hardcore pornography）匹敌的淫秽感。欧美硬色情的影片、书籍中，往往会出现完整的性器官，却没有日本的那种淫秽感。其中的差异到底在哪里呢？

近年来，无论是美国还是日本，反色情媒体的活动都相当盛行。其中，欧美的女性主义者就认为，日本的色情媒体相当异常。以硬色情的基准来说，欧美的色情媒体中充满了暴力、儿童色情，这些理应是更为露骨、下流的，却仍无法与日本色情媒体带来的淫秽感相比拟。其中的差异难以准确说明，欧美人士无法说清楚，我也没办法说明白。要如何比较才能看出其中的不同呢？我想做一个“色情媒体比较文化论”，不过研究手法相当困难。

我想到一种解释，或许是因为欧美硬色情的媒体直接写实地描写性行为以及性器官本身，而相对地，日本色情媒体具有难以取代的淫秽感，是因为他们尤其加强了男性性妄想的空间吧。

淫秽是想象大于现实、心理胜于肉体

这里说的淫秽，是指幻想而非现实。换句话说，淫秽的并非肉体而是心理。想象总是比现实更淫秽，心理也总是比肉体更淫秽。所以，如果去看宇能鸿一郎或川上宗熏的色情文学，就会发现让人觉得淫秽的并不是实质性的性行为的描写，而是心理描写的部分，也就是叙述这种时刻女性的感受如何、说了什么话的那些部分。

因为拥有世上少有的“不能露出性器官”的伦理规范，日本的色情书刊发展到了一种熟练与精炼的程度，或许这全都要归功于法律的压抑吧。尽管是早已习惯硬色情的西欧人，仍然对日本不展现性器官、性行为的软色情感到惊讶，这种淫秽感已经达到了一种“国际水准”。日本色情的“表现力”，或许全都是制作方不想让女性的内裤被脱掉的缘故——内裤脱掉之后，就只是平淡无奇的性器官罢了——被内裤包裹的身体，远比赤裸裸的身体来得更为淫秽。他们必定深知这个道理。

近几年出现了一个现象，A片女星穿着各式各样的内裤出现在杂志上，没想到只是这样，就收获了爆炸性的销售量。乍看之下跟内裤型录根本没什么两样，据说却相当受年轻男性的青睐。这也代表像这种照片才会让人有淫秽感，而性器官本身成了不再能引起性欲的东西了。

还有另一个实际的例子能够证明想象比现实还要淫秽，那就是漫画中留白的性交画面。日本的色情媒体中，这给人最为淫秽的感受，甚至可说是日本文化达成的一种极致吧。那种冲击的感觉，甚至超越了浮世绘以实际线条描绘性行为场面的领域了。

达利[1]有一幅色情作品，特意在女性张开的胯间留白，甚至在那上面画上一只正在爬行的蚂蚁，这种超现实主义的描写，比任何对性器官的描写都还让人心动与震撼。

在这片留白的空间，我看见的是我的幻想。这么一来，所谓的淫秽就是“我认为我自己是淫秽的”的循环。对自我意识而言，再没有任何事比“自己在性幻想”这个事实更淫秽。

---

1 西班牙画家，凭借其超现实主义的作品而闻名。——编注

包裹在双重塑胶膜里的“塑胶书”

归功于日本伦理规范，日本的淫秽文化达到世上少见的高度成熟。欧美人见到了都会大为震惊吧。

这些塑胶封套书籍里的模特，让透明内裤这种奇妙的物品相当盛行。不过，她们几乎不怎么穿本来就带有性诉求的内裤，反而大多穿着非常普通的内裤，所以我们可以说淫秽来自人的心理，尤其是“侵犯普通而纯洁的东西”的那种幻想。

我认为所谓塑胶封套书籍文化，从内裤与性器官的关系这点上来看，在推动日本式色情媒体的发展方面起到了相当特别的作用。这可说是日本的文化产物，在外国是看不到的。而且更重要的是塑胶封套这种包膜技术。

我第一次听到这个名词（塑胶封套书籍的日文：ビニ本，直译是“塑胶书”）时，以为是用塑胶包膜的书。譬如把自慰用的照片用塑胶材质进行包膜之类的。毕竟这种色情书籍本来就是用来自慰的，要是弄湿或弄脏就麻烦了——我以为用塑胶包膜是这种原因。不过这当然是我想多了。在这里也是同样的道理：想象要比现实来得淫秽。现在想想还挺滑稽的。

当我去拜访美国的“金赛性、性别与生殖研究中心（Kinsey Institute for Research in Sex，Gender，and Reproduction）”时，也发生了相同的状况。金赛中心的图书馆规定只能在阅览室内阅读书籍。如果想从书库取出书籍，原则上必须请图书馆员帮忙，访客不能进入书库。依据不同情况，有时候也可以进入书库，但必须要有图书馆员的陪同，否则就不能进入书库取书。因为我要找的书很多，图书馆员为了我花了许多时间。我觉得很抱歉，便对他说：“没关系不用管我，我可以自己来。”对方却回答：“这是规定，所以没办法。”

这时候我脑海里迅速浮现出一个念头，那就是色情书籍本来的用途，即书籍很有可能会被拿来自慰，这么一来，书可能会被弄脏。我以为这个规定是为了防止这种事发生而制定的。不过，当我这么和朋友说了之后，却被嘲笑了一番：“他们只是怕书籍被偷吧！”“你到底在想什么啊！”显然我的想象比现实要来得淫秽多了啊！

内裤恋物癖的机制

前面提到过，美国有一种以男性为目标客群的女性内衣型录。然而利用这种型录邮购内衣的男性，真的对女性“性器官”或是“性”抱有兴趣吗？似乎也并非如此，因为，对内裤的兴趣和性并无直接关系。倒不如说，男性对内裤的兴趣仅止于内裤，即其中有一种恋物癖的情感。我越发认为，这种情感就是一种防止人直接“到达”性器官的屏障。

恋物癖并非一种到达目标的手段，反而是“目标—手段”关系的逆转，手段就此成了目标。换言之，恋物癖就是一种“倒错”。

因此，有内裤收集癖或是对内裤异常狂热的男人们，并不是对性器官感兴趣，他们感兴趣的是和性器官有换喻关系的物品。收集内裤的男人，或者是对内裤有恋物癖性兴趣的男人，这种男性的恋物癖都表现为不与性器官直接接触。他们对女性脱下来的高跟鞋产生性渴望，但要是原本穿着那双高跟鞋的女人在他们面前光着下半身张开双腿，他们也不一定能产生性欲。

对恋物癖来说，女性穿过的、有一些味道的鞋子，比起女性的性器官要来得更为淫秽。事实上，我认为他们根本不想触及被那些内裤或鞋子包裹住的女性器官。恋物癖或许就是这么一回事吧。

最接近性器官的象征装置——内裤

我认为在男性的欲望回路中必定存在着某种恋物癖，也可以说在性的文化中，男性的文化度是比较高的。

比如，引起性欲的装置，男性远比女性依赖象征性的文化性装置。根据美国的性教育协会（SIECUS）对性的定义："性并非存在于双腿之间，而是在两耳之间。"也就是说，"没有文化教养的人是无法享受性的。性是一种文化教养的产物。只要是人就能发生性关系，但要享受性，就必须要有文化教养"。

由于男性比女性对于象征装置有更多的诉求，因此就产生了文化性的“倒错”。因为性在文化上是幻想的产物，因此象征性（想象）就成了男性的“性核心”。

对应男性的恋物癖倾向，内裤这个最接近性器官的物品，就是最令人感到熟悉的东西。所以比起性器官，他们更容易被内裤吸引。毕竟，对内裤的兴趣可以自行解决，因此这绝非一种替代性的满足，也意味着这比“真实”要来得好。

当作家山田咏美[1]出现在大众视野时，有许多评论家对她有责难也有赞赏，但是其中让我印象最深刻的，就是野坂昭如[2]的评论。他非常赞赏山田咏美，而其评论是非常具争议性的赞扬——“日本终于出现了了解自慰的女流作家”。自慰是一种把对象客体化（物化）的倒错性架构。也就是说，是一种性的疏离。野坂的赞词当中的“了解自慰”，意即“终于出现一个不仅了解‘动物性的性’，还了解‘文化性的性’的女人了”。这种极端

1　日本知名小说家。由于其作品里经常涉及性、异种婚姻等敏感话题，因此在日本备受争议。——编注

2　日本作家、剧作家。——编注

性别差别待遇的褒奖，实在令人吃惊，不过也非常符合野坂的作风。

近年来，女性终于也尝到“动物性的性”的滋味了。在不久之后，甚至还会意识到，光是换装个零件、卡带，无论怎么做自己的卡带都只能播放出一样的歌曲，实在是一件很无趣的事。到那个时候，或许就能肯定“性本身并非目的，其过程所带来的意义才是最重要的”。

过去，恋物癖一般被认为是定义男性的一种属性。虽然有恋物癖的男性，但是如果女性也有恋物癖，那么这个理论就会出现矛盾。然而，如果女性也终于能够进行“文化性的性”，那就理应会出现有恋物癖的女性了。这么一来，女性当中说不定也会出现恋物癖的文学。不过如此一来，生儿育女的意义就会发生极大的转变。然而以整体来看，由于都朝着降低动物性能量的方向移动，我想日本人会朝着灭亡的方向迈进吧。

仅止于换喻、试图匿名正是恋物癖的本质

对于男性的性欲是文化性的东西，桥本治曾经做过这么一番简洁明了的论述：“男性和女性都不是在和异性同床，而是和制度同床。”——的确，由于人类这种生物的本能已遭到破坏，如果没有能够引起性欲的文化性装置，那么性欲无法获得满足就成了人类的宿命。所以如果我们假设所有的男性都有恋物癖，在这个定义上，我们也可以说没有恋物癖的人就不是“男人”。内裤收集癖或高跟鞋狂热者等病态型恋物癖者，就是一种病态性的倒错。不过，这也只是程度上的差别

罢了。

对内裤收集者来说，内裤带有一种匿名性。内裤恋物癖当中，有的人会去偷窃别人晾着的内裤，有的人会想要他人实际穿过的内裤。不过他们对穿内裤的人或晾内裤的人，却不见得会有多大的兴趣。在这种情况下，内裤所代表的女性都是匿名的存在。他们并不会看着内裤想着“哦，就是那个女人”之类的，不会联想到特定的女性。

如果是闻着分手的女性留下来的内裤，想着过去的那个女人，这种行为根本就不是倒错。通过这种行为来回想特定女性的方法，成为一种换喻的手段，“联结到女性”只不过是目的罢了。真正的倒错，意味着换喻仅止于换喻，而这个时候，女性是具有匿名性的。

匿名的女性，是能够融于普遍女性群体中的女性。换句话说，就是不具风险的女性、无害的女性、安全的女性。恋物癖的心理机制就是一种防卫心理，这就像一种单方面的偷窥行为，自己能有所动作，而对方绝对不会有所回应。这和萝莉控（Lolita complex）也很相似。我认为这也是一种脆弱的“男性的性”的表现。现实中的女性对于这种倒错的“男性的性”是会有所回应的，而他们正是对此感到恐惧。

井原西鹤的“好色”包含的现代性

我目前对于“近代化与性观念的历史形成”这个主题有很大的兴趣。如果举近世日本为例，井原西鹤[1]的作品《好色一代男》就在其中占据了相当有趣的位置。在《好色一代男》一书当中，主角世之介的回忆录里出现了“至今五十四岁的岁月里，玩过的女性三千七百四十二人、若众[2]七百二十五人”这些数字。

1 日本江户时代小说家，俳谐诗人。代表作有《好色一代男》《好色一代女》《西鹤大矢数》等。——编注

2 指在“众道”这种日本同性恋关系中处于接受方的少年。

接着还写着“总数将继续记录于日记中”。

这些文字暗示了两件事。首先是他对于数字的执着。为了要记录自己的性活动，他并不是回想自己和女性做了哪些行为，而是将其全部还原为数字。这实在是惊人的近代主义。这和情圣唐璜、《源氏物语》的光源氏的行为有着不同的性质。光源氏在一生之中也和许多人发生过关系，但并没有还原其数量。他会回想起和那些女性的种种过往，却没有回想过这辈子到底和多少人发生过关系，也就是说，并没有还原为数字。

其次，就是他对记录的执着。他写着“会记录于日记中”。这个数字的庞大和详细，一旦不记录在日记里就会忘记。这种对数字以及记录的执着，是近代到来和资本制度形成的一个很大的特征。

在日本资本主义意识形态的形成时期，井原西鹤除了《好色一代男》和《好色五人女》外，也写了描绘商人道德与行为的作品《日本永代藏》，其中就出现了像“一寸四方也能做生意”这样的描述，非常积极地诉诸数量化的思考。这种思考方式不仅被用在描写繁荣商业的作品《日本永代藏》，还体现于性的记录中。自己性行为的回忆录中出现数字，也意味着每一次的性行为都有一定的规格性。

为了让性成为商品的条件

性成为一种商品，必须具有的其中一种重要属性就是“商品的规格性”。商品经济的成立和商品的规格化有着很深的关系。商品若是没有经过规格化，就无法流通到市场上。因此，性要成为商品，就是要将性“规格化”。这种规格化的进行并非在现实中，而是在观念之中。也就是说，无论是A小姐还是B小姐，二者都有着可以用“一次”这种形态来计算的规格性。

在同一时期出现的“游女评判记”中，就有把“游女（花街柳巷的女人）”以东西横纲[1]来排列等级的记载。这和现在陪澡女郎的“东西评判记”[2]相当类似。在上面会记载各自的等级和技巧，也就是一种商品说明书。“太夫（倾城艺妓部门中的最高地位）”这种等级，也是规格化后的商品等级。

“游女评判记”就像是性商品的型录，但是这样的型录能够成立的前提就是无论是谁买了这位吉野太夫，她都能给予同等的快乐，否则男性就不会付出同等的金钱。不过她有时或许能够让顾客满意，有时则不能。如果性行为是一种人际关系，那么人际关系应该是有个别性的，既然是个别性且一次性的东西，那么这种快乐应该无法被规格化才对。所以尽管实际上每一次性的质量不同，而这些男性还是愿意付出相同金额的话，就必须想着“吉野太夫给我的东西，和给别人的是一模一样的”，而不能凭借现实中的感受去判断。

1　横纲，代表日本相扑运动员的最高级别，其中，东横纲的级别高于西横纲。——编注

2　日本的一种博客，里面载有各种详细资料，专门有各种人来分享自己的体验，比如对店铺、价格、三围、年龄、宣传照的修图程度、体验过程、个人感想等。——译注

自那个时代开始，对性的规格化就急速地扩展开来。在游廓（花街柳巷）成立的同时，也出现了“游女评判记”这类商品型录。一个新的文化范畴成立了之后，短短二三十年间，与之相关的观念就发展到极致。在当时就已经出现的所有现今性风俗产业的原型，主导了现代性风俗产业的观念。

媒介物
真的比实物好吗？

若是女性、女性所给予的快乐或者“性”本身没有通过规格化、匿名化这些“手续”作为媒介，男性的恋物癖就无法成立。一想到每次都会有所不同，就会无法比较或计算。性的规格化和“将对方的人格匿名化”是联结在一起的，所以要是每次出场的特定女人每一个都有不同的专有名词，那实在很麻烦。她们最好能够变成可以用一人、两人这样计算的对象。

在井原西鹤之后，日本近代的两百年至三百年间——一般会说欧洲近代形成期以来有三百年，日本只有一百年，不过这当然是一派胡言，诚如田中优子所言，日本也是在全球化的同时代当中形成了近代化，因此成立至今应该有三百年的光阴了——在这三百年当中，我认为男性对“性”的幻想朝着“将女性物化”“剥夺女人在性中的人格性”的方向发展。如此一来，女性的人格就逐渐撤退到背景里去了。

这一情况也出现在萝莉控与恋物癖当中，这和“对女人的兴趣”是不同性质的兴趣。恋物癖是对于“中间媒介”本身有着倒错的执着，因此“恋物性的欲望是一种代替品”“他们比较喜欢真实的性”“其实想做，只是因为没有勇气而忍耐”这样的看法就是错误的。

观察近年来性风俗产业的新发展，就可以了解这种情况。有一些偷窥房或电话俱乐部之类的新发明，如果以为“他们其实很想做，可是没办法才用替代物来获得满足”，那就大错特错了。我认为这里面的机制是“与其说媒介比真实的东西好，还不如说他们是主动逃避真实的性”这样的心理选项起了作用。

不可能会有
内裤恋物癖的女性

早期，内裤恋物癖一直被认为是专属于男性的心理。从病症来说，有男性有内裤恋物癖，却没有女性有内裤恋物癖。因为这很难想象。这和性的“性别不对等性”有着很深远的关系。

男性会将性幻想的对象逐渐物化。有时候会把女性整个物化，有时候会将女性部分物化、片断化，接着以换喻来替换、翻转。但是女性的性幻想对象，并不会出现这种将对象物化的现象。

比如，让我们来思考一下色情媒体究竟为什么会存在。我曾经和某位男性性科学家议论，我认为在大众的普遍认知之中，色情媒体应该是男性为男性的愉悦创造出来的，是意在挑起男性性欲的自慰用商品。不过这位性科学家持反对意见，他说那是男性为了女性所创造的东西，是以诱惑女性为目的而制造的东西。换句话说，就是产生催情效果。与其说男性是要挑起自己的性欲，不如说是为了让女性看，以挑起女性的性欲，然后伺机而动，他认为这才是色情媒体最原本的作用。他主张，其中的证据就在于，色情媒体也可以让女性兴奋。

就算这位性科学家说的并非真的，色情媒体也能让女性兴奋却是不争的事实。实际测验过后就会明白，女性的确也会兴奋。尽管如此，如果把色情媒体的设定完全翻转过来，拍摄一些男性被侵犯的情节或者是特写男性表情的镜头，女性是否仍会兴奋呢？或许也会兴奋，但是我认为多少还是不太一样吧。

对女性而言，性的对象是自己的身体

以具体的形象来思考的话，请想象一位女性被锁在全都是镜子的房间里。假设镜面全都成了男性的视线。这么一来，整个房间本身就是男性，而女性的性幻想则必须要以男性的视线为媒介。

相反，如果将男性放入全都是镜子的房间当中，让镜子成为女性的视线，这种倒错的构图是否能成立呢?结论是，女性无法把男性在性中物化。对女性而言，性的对象并非对象的身体，而是自己的身体。所以女性是把自己彻底双重化。在挂满镜子的房间里，镜子是男人的视线，身在其中的则是女性。这和最初的构图是一样的。然而女性睁开自己的眼睛，看到的是镜子中映出来的自己而非对象。女性的性幻想并非对象，而是被物化的自我影像，女性会对此感到兴奋。

我认为将之称为自恋也不为过。不过如果是自恋的话，还有另一个问题：男人的自恋和女人的自恋是否是相同的东西？就算是自恋，还是有“自我满足的自恋”，以及“自我物化的自恋”这两种，而后者或许也可以说是强迫自我分离的自恋吧。

比如，黑木香（日本20世纪80年代的色情片女星）是极其自恋的人，她自己也曾承认过这件事。在她的著作，也是性的自传《自甘堕落也该适可而止》当中，她就非常冷静且有自觉地写到，自己之所以会参与色情片的拍摄，做出那些演出，一开始的动机全都是因为自恋。促使她在性方面开花、成熟的动机，也是自恋。

然而对女性而言，自恋这种东西并不会以和平、协调的方式降临。在自我满足的平衡当中，自恋是否就会获得满足呢？似乎未必如此。谈到这里，我们就必须要来探讨一下自恋为何物。

齐美尔的浪漫主义式女性论

在“女性是自我满足的生物”这类赞扬女性的浪漫女性观当中，格奥尔格·齐美尔[1]（Georg Simmel）的女性论就非常出色，可说是女性论的最高峰。

齐美尔的女性理论非常精妙，具有深刻的哲理性。用一句话来说，其实很好理解，即，女性本来就是完满的存在。仅是作为女性降生便能够作为女性生存，并且胜任内在为女性的一切角色。然而男性原本就是有所欠

1　德国社会学家、哲学家，著有《历史哲学问题》《道德科学引论：伦理学基本概念的批判》等。——编注

缺的存在，因此必须要通过“werden”，也就是产生、发展，意即必须要达成某些事情，才能成为男性。所以对男性而言，“达成（achievement）”是不可或缺的行为。然而女性是 sein，存在本身就是一种完整。这是齐美尔的论点。这在浪漫主义式的女性论当中，是对女性赞扬的一种极致，呈现出一种“永恒的女性引导着我……”的形象。

与齐美尔同时期，出现了奥托·魏宁格（Otto Weininger）的《性与性格》。在书中，魏宁格对于相同的议题，却有完全相反的厌女论述。魏宁格非常讨厌女性，尽管他和齐美尔同样以男女对比的角度出发，但是他所得出的结论是："所以女性一无是处""所以女性完全无法达成任何伟大的目标""顶多就是像动物生动物一样，只能生小孩子而已"。尽管齐美尔的浪漫主义式论述和魏宁格的厌女论述是完全相反的，但是二者却有着一体两面的关系。

对弗洛伊德来说，自恋是人在进入性器期（Oedipus phase）被迫分裂、建立超我之前的“幸福的满足”，也就是说完全的自我满足。

自我物化极致的自恋

然而，黑木香所描述的自恋，是自我物化到一个极致时，会出现的“被疏离的自恋”。这是一种“被物化”，且借由这“被物化”、被他者赋予了性欲望（desirable）对象的价值后，才得以成立的自恋。

女性自己无法自我定义女性身体形象的“有用性”或者说“有价值性”，其价值的决定必须借由男性的评估。而其价值又由性的渴望（desirability）来决定。所以当女性的身体是万人皆可接触的、对万人来说都是具有性渴望的、是普遍性很高的客体时，女性对自己身体形象的价值判断才会达到最高。通过这样的结构，女性才会首次体验到自恋的满足。所以与其说这是一种最幸福的协调，不如说是自我物化极致的自恋。

这种情况下，女性的身体形象一直都是分裂的。这和伴随着生产、育儿所出现的自恋性身体的自我满足非常不同。生产和育儿完全不需要媒介性的因素，不需要对男性的依恋（attachment）。对生产的女性而言，忘了十个月前被种下的种子就算了，每一次的生产行为都像是处女生殖一般自我满足的行为。生产的女性并不会认为自己是受惠于他人的种子才能生产的。

母亲所产生的自我身体形象，和捕捉自己在有性欲的他者眼中的身体形象，是非常不同的。

因此就性的“质”而言，男性和女性有相当大的差异。男性是将性幻想外在化，并且物化。而女性则是会将自己的身体物化，并对此执着。女性会仔细清洗身体的各个部位，对指甲去角质异常执着，认真去除体毛……女性天生就拥有这种对自己身体的执着。

女色情狂——对身体的不安

人要维持自恋性自我形象的价值，若不能随时获得异性的视线，或来自他者的包含性欲求的眼神，就会感到无比不安。精神失调的女性，尤其是女色情狂（nymphomania，性爱成瘾的女人）更是会出现这种症状。

简·方达曾将演出电影《柳巷芳草》时的情形写进自传当中。《柳巷芳草》这部电影，描述一位女性在半精神失调的契机下去做妓女。主角对于自己的“性”并不了解，处于一种非常不安的幼儿状态，始终无法获得决定性的他者或者说父亲形象，因此病态地与男性反复发生关系。这部电影的设定是“这种女人做妓女是因为精神失调”“实在是可怜的女人”，可说是通俗的弗洛伊德主义式的设定。

简·方达在书中写到，自己当时和在这部电影当中扮演的女性几乎处于相同的状况。当时她已和罗杰·瓦迪姆离婚，还没认识汤姆·海登。她写到，只有自己被男人视为性渴望对象而存在时，才能发现自己的存在。这是女色情狂共同的特性。女色情狂并非单纯地性欲异常强烈，她们很有可能连自己是否有性欲都搞不清楚。甚至有一说：许多女色情狂都是性冷淡。这些女性在心理结构的最根本之处有着对自己的身体、对存在的不安，所以每次都必须借由性的他者所产生的性欲求，来证明自己的存在。

偷窥房的女人——反转的圆形监狱

在一定的社会规范之中设想：“女性这一生只要有一个男人对自己有性渴望就好了”，那么这还算是在健全的范围之内。如果有过度的倾向，就会被认为是女色情狂。但这只不过是程度上的差异罢了。

当这种机制逐渐提升时，这种逻辑就会开始自我运作，女性也会变成非常抽象的生物。毕竟身体形象本来就是一种抽象的观念产物。

一旦性欲望的抽象性次元越来越高，就会出现一种“在现实中即使这种（性欲望的）视线被隔绝了，自恋还是会成立”的结构。我们正好可以拿偷窥房的女人作为例子。偷窥房其实正是福柯[1]所说的圆形监狱的反面。所谓的圆形监狱是在正中央有一座瞭望塔可以监视周围的装置，而偷窥房正好相反，周围的人可以监视位于瞭望塔当中的人。

偷窥房里的女人原则上以“在偷窥房的镜子后面，有着偷窥的视线”为前提，对自己赋予性欲望的意义。然而，这些视线究竟是否真实存在却逐渐地变得不重要。这么一来，视线的回路就不再需要以具体的他者为媒介，而是将自己封闭在自我抽象的观念中。也就是说，可以关闭“自己是性欲望的对象”的自恋式回路。我认为自恋的女性为了自我防备，或多或少都会有这种自我封闭的行为。

比如在序章里提及的那位收集内裤的女性，如果以这种心理机制来思考她的例子，就会比较容易理解。

1　米歇尔·福柯，法国哲学家、社会思想家，著有《疯癫与文明》《性史》《临床医学的诞生》等。——编注

通过内裤
回归纯洁的身体

以这位收集内裤的女性来说，内裤本身就是显示在镜子里自我影像的漫反射（diffuse reflection）。人会制造出适合那些内裤的身体形象，而有可能性（potential）的身体，相对于现实中的身体而言总是会被美化。所以观察一个人选择的内裤，就可以勾勒出一副适合那些内裤的身体形象。以这位女性的情况而言，光看她选择的东西，即可得知其形象就是“纯洁的身体”。

她是一位富裕的四十多岁家庭主妇。当然既有性方面的经验，也有生产的经验。但是从她的选择可看出，她欲回归结婚之前的“纯洁的身体”。观察她的收藏品就可发现，那是完全的“梦幻”路线，全都是花边、蕾丝、小花图案。

她本人说只要换了内裤，心情也会跟着变化，不过以她的情况来看，与其说是为了身体形象的密集化、多元化，不如说她选择了将身体形象固定在同一个方向。而这种执着的基础就是“纯洁的身体”形象。也就是说，她想要回归到性的身体之前的纯洁无垢的身体。

以花边设下防线的
“中年向日葵族”

这位中年女性绝非特殊的案例。我在访谈鸭居羊子小姐时，听到这么一席话。鸭居小姐会收到一些内衣贩卖店的订单，指名哪一种型号的商品需要追加生产。鸭居小姐想要推销的性感风格的内裤经常卖不出去，反而常常接到梦幻风格内裤的追加订单。而且这一类的内裤大多需要很多精细的手工，单价普遍很高。随随便便一条就会超过 1000 日元，贵一点儿的要两三千日元。年轻女孩子根本不会买这么昂贵的东西，因为太贵了买不起。年轻女孩子顶多会买三件 1000 日元的便宜内裤。

那么到底是谁会买单价这么昂贵的内裤呢？这种梦幻路线、装饰性强、使用许多非常纤细蕾丝的内裤，最主要的客群据说是四十岁到五十岁的女性。贩卖店经常会提出生产XL号的要求。因为这些中年女性想要这样的内裤，她们有财力，却因为内裤尺寸太小穿不上。

这里就出现了一个很讽刺的情况，客群是不符合商品形象的人，然而只有这些人有购买的财力。四十岁以上的女性并不如想象中那般有什么桃色冒险的机会，而且身形也已经完全走样了。即便如此，她们对自己的身体形象还有着自恋式的执着。而她们想要让这种自我形象穿上的内裤，就是这种梦幻式的内裤。

如此说来，与其说那是真实的身体，还不如说她们是在幻想着把适合这种内裤的身体形象和自己的身体重叠在一起。这种身体的形象就是纯洁的身体形象。我曾经创造过一个名词，叫“中年向日葵族”，指的是执着于画家兼编辑的中原淳一的《向日葵》（少女杂志）形象的中年主妇，因此就可以理解这是这个年龄层的女性所做的选择。

内裤是一种随着男性“性的视线”撤退的同时，出现的自我防卫表现，也是女性躲在自恋的总指挥部里将其当作防卫与避难所时的防线——以花边设下的屏障。所以女性并不会事先设想内裤会被脱下来的情景。然而，对她们而言，不难想象其中有多大的自恋式满足。这种话听起来究竟是惹人发笑，还是令人觉得荒诞？

这个世代的“性的近代”，真的是执着于幼儿期的阶段。有可能她们遇到了某些偶发情况，经历了如同强暴的性行为后生下小孩，却维持在那个执着的状态里，在性的方面完全没有成长，年纪却到了中年。尽管肉体上是如此，心理上却经常会出现挫败感（欲求不满），因此这个年纪或许是她们最为苦闷的时期吧。

我见过的那些收集内裤的女性，她们都是拒绝被脱下内裤的。因为这些内裤是为了包装并隐藏纯洁的部位而存在的物品，是一种倒退至幼儿期的心理。我无法想象这样的女性会收集性感型的内裤。因为性感型的内裤缺乏“将其脱掉的性的对象以及性的可能性”，因此这一类女性就算收集性感内裤，也无法提升自己的“可欲望性”。不只如此，这更让人重新看见了想象与现实的落差。

女性的自恋也是一种攻击的战略

女性的自恋在许多意义上都有着矛盾性（ambivalence）。自恋是一种和他者切割的方法，同时也是自我肯定、接受，而非自我否定的战略。所以在女性主义的运动当中，自恋甚至是一种自觉的战略。有一种论述是，尤其当自恋的主轴是母性时，那么在生产行为当中，就会有完整的自我整合、自我完结，其中完全没有欠缺的东西。

作家伊藤比吕美在自恋的意识形态上，可说是相当具有战略的人。除此之外，她也公开表态自己是一名“自慰者”。对女性而言，生产就是终极的自慰。虽然不清楚她是否有所自觉，但美国的女性主义诗人也有许多相同的论述。

女性的自恋不只是切割身为“性的他者”的男性，当对本来应当是“性的他者”的男性宣告了无用论时，更成了攻击性的论述。比如，茱莉亚·克莉斯蒂娃（Julia Kristeva，哲学家、文学评论家、精神分析学家、社会学家及女性主义者）就使用了“具有阳具的母亲（phallic mother）”的概念。

根据克莉斯蒂娃的说法，胎儿对女性而言就是阳具（phallic），那么既然胎儿是阳具，对女性而言就不再需要其他的阳具了。男性的阳具只不过是更为完整的阳具——也就是胎儿——的替代品，而且还是个不完整的替代品。这很明显就是有攻击性的论述。照这么说来，“女性自恋的自我满足性，是不需要男性的乌托邦”就是一种具有攻击性的论述。

我所认为的矛盾性有两个：第一，假设她所言为真，女性的自恋是否就真的如此好呢？还是只是换了一种形式的母性掌控？第二，这种自恋是否真的是不需要他者媒介的完整的东西呢？

过去
视线的主体是男性

如果女性的身体形象必须通过他者视线的回路才能成立，那么女性的视线只要一出现，就会全部回到自己的身上，绝对无法通过镜子抵达另一侧。在镜子的另一侧只有视线，那个视线所拥有的身体并不会呈现出一个他者的身体形象。所以在近代，视线有着决定性的优先顺位。而这个视线的主人，也就是主体，是男性，因此对男性而言，主体性的咒语束缚具有极度强烈的压倒性。

假设是这样，那么女性就必须要把反弹回来的、折射的视线全部吸收，才能形成主体。换句话说，只能经由完全的物化才能形成主体。所以对女性而言，唯有完全被自己以外的人掠夺的实体，才是有价值的实体。情色小说《O娘的故事》之所以会是永恒的情色作品，正是这个缘故。O娘借由完全放弃自己来获得快乐。如果这就是女性自恋的极致，那究竟是否能说这是可喜可贺的至福境界呢？与其说那是一种解放，还不如说是一种极端的疏离吧。

男性是否能将自己作为性的身体物化

如果是男性，就要将前面所说的构图整个反转过来。男性或许很难与自己的身体形象联结在一起。

假设女性反过来成为视线的主体，那么会变成什么样的情况呢？因为自己的身体形象是经由他人的视线所创造的、被物化的结果，女性很容易将自己与身体形象联结起来。但如果女性反过来做男性做的事，那么男性是否能够顺利地和自己的身体形象做联结呢？为此，就必须要先把男性还原成单纯的性的客体（进行物化）。必须要先经历这个过程：把男性脑子里所想的东西全部删除，还原至可以只用“性感”来形容的身体性物体。

如果性的关系有完全的相互性，那么在这个过程中，男性就能够和自己的身体形象联结。但是，究竟男性和女性是否真的有相互性呢？女性能够意识到自己会被视为性的身体而物化，然而男性会有这种意识吗？或者是女性是否能取代男性，成为看的主体这种“疏离形态的性的主体性”呢？

在文化性的剧本或装置强力的引导之下，对女性而言，要百分之百还原男性的身体是非常困难的。除此之外，女性就算和男性发生了关系，尽管男性是个别的身体，但是仍然会让女性感觉那是个和自己有关系的世界，利用了男性这个媒介，但是发生关系这件事却只和自己的身体有关。所以女性才可以若无其事地做一个被动者。

男性与女性，究竟何者的疏离较深

江户时代的“色道”认为，取悦游女就是其极致的精髓。有一种相反的论点认为，在性的主体与被动的客体的关系之中，在身体的愉悦这一点上是反过来的。男性这个主动的性主体是给予愉悦的人，而女性这个被动的客体则是愉悦的接受者。以结果来看，主体的身体愉悦是被剥夺的。“对男性而言，性爱的目标在于女性的愉悦”这其实是一种对男性霸权性爱文化论点的悖论。然而这只存在于近代短短的一个时期，很快就被遗忘了。也因为如此，只有在这个时期，才有“明治时期暴君型的丈夫，和到死为止都不知道性的愉悦为何物的妻子”这种组合。近代的形成期就是如此野蛮的年代。但是这么一想的话，主体性就会永远掌握在女性手上，而非男性手上。在性爱当中，或许男性的疏离感是更深的吧。

事实上，女性沉溺于将愉悦实体化，男性却只能以此为媒介来确认自己的性的存在。这么一来，男性的性只能以“获得成就”存在，而不能以身体性存在。

如此一来，男性是否只要了解被动式的性就好了呢？的确，当首次出现“泡泡浴”[1]时，也有人说这根本就是卖春行业的分身，但是我认为这在性商品当中，算是相当划时代的新产品，因为男性也开始了解被动的愉悦了。

无论如何，受惠于将身体物化而获得身体形象的女性，以及因主体化而缺乏身体形象的男性，这二者究竟何者的疏离感更深呢？我认为这是一个很重要的问题。

1　在日本，指的是从事色情陪浴服务的店。——编注

厌食症的心理机制

女性的厌食症和上述提到的这种身体形象的形成是有关系的。大约从青春期开始，女性就会通过男性的视线形成自我身体的形象。如果身体形象和自我意识能够妥善地协调，人就能够正面地接受自己的身体形象。但如果身体形象与自我意识发生了冲突，被物化的身体形象和自我意识起了纠葛，那就会演变成否定身体形象的局面。厌食症的出现，就是朝着“将身体最小化”的方向前进。

我见过刚从厌食症中痊愈的中年女性，她的身型就很胖。她说因为自己上了年纪而感到安心，开始大吃大喝，身材便走样了。她认为随着年龄的增长，自己的身体失去了性的价值，才终于放心开始大吃大喝。年龄与性的价值是相关联的。在意识到性的价值的时期，她无法接受自己的身体形象，但是一旦开始大吃起来后，便无法及时刹车，反而变得比一般人更肥胖。

对女孩子而言，身体形象的形成就是将他者——说得更明白些，就是男性——所给予的身体形象内化的一个过程。身体形象无法凭借一己之力独自完成。这是社会以某种形式所赋予的东西，不过以女性的情况而言，非常清楚的一点就是，女性的身体形象借由男性所给予的价值来决定。然而男性就绝不会通过女性获得身体形象。

不过近年来，也出现了一些受到女性视线、女性评价影响的年轻男性。而且这并非发生在个别性的层次，而是发生于规范性相当高的层次。

有一个男性偶像团体“光（GENJI）”，曾在年轻女性群体中相当受欢迎。他们被女性物化的身体形象有个共通的特征，那就是性的意义是中性（neutral）的身体。若真要说的话，那些身体都是没有男性性征的身体，是非常无性的、抽象的身体，仿佛是从少女漫画当中走出来的少年的肉体一般。就这样，女性所理想化的身体形象就成了男孩子们的规范。如此一来，说不定男孩子们当中会出现拒绝成熟的现象，拒绝体毛、对汗臭味感到厌恶，有男人味的身体形象就会被赋予负面的价值。这说不定是拒绝身体被物化的女孩子们所做的复仇呢。

有一个现象能证明这个道理，那就是厌食症不再是专属于某种性别的疾病了。换句话说，在过去厌食症是女孩子由于特有的身体形象所产生的疾病，然而专家也指出，男孩子得厌食症的比例也在逐渐增加。这真是相当有趣的现象。

第五章

生理

覆盖性器官的丝绸保鲜膜

女性的性器官是他者

对女性而言，女性性器官是他者。当然，我认为男性性器官对男性而言也是他者，但那指的是男性性器官的“无法控制（out of control）”。而女性性器官是他者的意思，指的是属于他人的他者。

属于他人的东西变成自恋式执着的对象，是否代表着女性切断了他者的回路，也就是说借由切断他者的回路，使得男性绝对无法到达，因此达成了百分之百自我满足的女性极致的自我性爱呢？又或者是女性与他者回路可以完全同化，从而达成自我物化的极端呢？究竟为何，无人可知。

色情作家对于女性性器官的描写，是非常罪恶的。当然，美化总比没有美化要好。在美化之前，女性对于性器官的价值观，是认为女性性器官是很丑陋的东西。有的人还会认为，不想让男性看见这么丑陋肮脏的东西。所以不只是因为害羞，更是因为不想由于肮脏的东西被看见了而被讨厌。她们不想让人觉得：“明明是长得漂漂亮亮的一个女孩子，身上竟然会有那么恶心的东西，真是讨厌。”但另一方面，男孩子却对看见女性的性器官有着强烈的幻想。甚至有女孩子因为男朋友要求看，但是她无论如何都不想让对方看而感到非常烦恼。因为不想被对方看到，因此一直以来总是在灯光阴暗的地方发生性关系，这回对方竟然提出想看的要求，实在是让她心生抗拒。

女性的性器官其实并非漂亮的嫩粉红色，多多少少都是有点暗沉的深色。有许多关于女性性器官的神话，说处女的小阴唇是粉红色的，一旦失去处女之身后颜色就会变深，那全都是胡扯。有一段时间流传了相当多这一类的神话，其实直到今天也都还在流传，于是就有人信以为真。有些年轻女孩子听了这一类的传言便深信不疑，想到自己明明还是处女，但是性器官的颜色却很黑，因此认真地烦恼着如果自己被怀疑不是处女之身，不知该怎么办才好。她们会来向我咨询，有的甚至还会对我倾诉觉得性器官很大、很突出之类的烦恼。

除此之外，体毛很多的人当然也会为此烦恼，不过体毛稀疏的人也有体毛稀疏的烦恼。女性除了自己的性器官外没见过其他女性的性器官，有的女性甚至连自己的性器官都没见过，由于无从比较才会格外烦恼。

直到近代才开始视性器官为禁忌

这种烦恼是不限年龄的。因为对于性的无知程度，与年龄无关。我认为江户时代对性器官的执迷（obsession）似乎比现代还要少。如果观察江户时代的春画就会发现，其中有着必须写生才能画得出来的现实感。这就说明必定是有女性担任模特并且露出了性器官，说不定还必须要在一堆门外汉面前。不过如果要说这些女性是忍着耻辱、咬紧牙根露出性器官的，我又不觉得她们是下了这么大的决心。我认为在当时，露出性器官或许是更日常而普通的行为。

江户时代的春画当中，有许多阴户口交（cunnilingus）的画面。那数量真是多到令人吃惊的程度。其中很有趣的是游客（寻芳客）对游女的口交。一般来说，游客是接受愉悦的那一方，但游客竟会为了游女的愉悦而付出，这简直就反过来了。游客会替游女口交，看到游女感到愉悦的样态，就觉得这才是道中之人的精髓所在。这种场面经常出现在江户时代的春画里。

我认为人类对性器官的执迷，在历史上应该是非常新的东西。现在的人视性器官被看见或露出性器官为禁忌，我却不认为在江户时期也有这种禁忌。倒不如说对口交的禁止与压抑是近代之后基督教文明固有的概念。到了近代之后，口交才被视为一种禁忌。我认为就是在同一时期，女性也开始觉得自己的性器官丑陋。当然，这也反映出男性认为女性性器官丑陋的想法。明治时期出生的人，应该就有很多男性从未和妻子口交过。甚至连对娼妇都没有过吧。所以当时没有口交经验的人应该相当多。

但是仔细想想，这种人很传统吗？那也不见得。因为在那之前或在那之后，都没有任何对口交的禁止。像维多利亚时代那样的性的近代化，在日本只维持了一个世代，也就是半个世纪左右。现在七十多岁的人的性生活，无论男女大概都是如此吧。那个世代的男性都觉得女性的性器官是很不洁的，而女性也因此感到羞耻。

而这种概念被色情作家们美化了。在性器官仍被认为不洁、肮脏的时候，女性虽然仍羞于示人，但是一旦被美化，又会拿被美化过的、实际上根本不存在的玫瑰色私处作为自己比较的基准。这么一来，女孩子们又开始烦恼了，整个情况好像被完全翻转过来一样。

色情作家是从什么时候开始美化女性性器官的呢？也有人把女性性器官描绘成丑陋的东西。乔治·巴塔耶[1]（Georges Bataille）在著作《艾德沃妲夫人》当中就曾把女性的性器官称作“破布”，这实在让人感到相当冲击。在书中，艾德沃妲夫人强求男方“看着我的破布”。要创造一个新的范畴，就必须要赋予其一定的价值，而称呼女性的性器官为“破布”，代表着一种必须“直面丑陋”的论述。

1　法国评论家、思想家、小说家。——编注

《好色客》
理想的女性性器官

其后，通过性革命，人类对于女性性器官的观点也发生了逆转。美国的男性杂志《好色客》（*Penthous*）的老板是拉里·弗林特。在《好色客》之前，《阁楼》杂志便以刊登女性的裸体写真而知名。从 20 世纪 60 年代的性革命开始，男性杂志里出现的写真女郎的暴露程度便不断升级。《阁楼》杂志里出现了越来越多显而易见的“缝”的照片。不过这个年代还算比较克制，仍停留在“自然而然看得见的东西就自然呈现也无妨”的程度。但是自从《好色客》开始加入市场战局，跟其他杂志互相厮杀之后，该杂志就采取了露骨又下流的手法。他们会让模特张开双腿，拍下以手张开性器官的照片。相较之下，《阁楼》杂志还算比《好色客》“高尚”。于是就出现了裸体模特（pussy model）这种行业。理想的私处的形状、“缝”的长度、颜色等，都是成为这种模特的参考条件。模特不光要有美丽的肢体，还被要求有美丽的私处。

虽然并不是因此就有了某套标准，不过在选择模特的时候，很明显性器官也会被列入考虑中。颜色是否暗沉、阴唇是否太大或太丑、阴毛是否浓淡适中等，总之会有几项条件。所以我认为在那个时候，美国人所认为的理想性器官应该是被某种程度地标准化了。

在性风俗产业如此露骨地暴露性器官的风潮越来越盛的时期，《好色客》受到女性主义者相当激烈的攻击。这时候拉里·弗林特是这么辩解的：“《好色客》对解放女性是有贡献的。因为我们对世人传递了一项信息——女性的性器官是值得一看的美丽之物。”

反过来说，拉里·弗林特所说的话，也证明了在《好色客》之前，一般人都认为女性的性器官是不足一视的东西。所以在某段时间里，女性的性器官从不能为世人所见，转变成能够展现了。尽管无论女性的性器官究竟能否示人，对男性而言，确实都是最大的性幻想对象，不过这种从负面转变成正面的翻转时期应该是 20 世纪 70 年代。究竟人们是因为女性的性器官令人不愉快而想看，还是因为很美丽才想看呢？无论是哪一种，对女性而言都是一种压抑。自从出现了理想的女性性器官之后，就有更多人开始烦恼自己的私处了。

性器官观点的地域与文化差异

理想的性器官因文化差异而有所不同。霍屯督人（Hottentot，非洲原始民族）的巨大阴唇是如此，特罗布里恩（Trobriand，新几内亚的群岛）亦是如此。在某些社会当中，大阴唇是女性性感的一种象征。所以她们会刻意地用各式各样的手段让阴唇变大、变长，付出各种努力想要让身体改变。据说在特罗布里恩，如果女性之间起了争执，最后就会以阴唇的大小来一决胜负。据说她们会在只有女性齐聚一堂的场合提起腰身：“看啊，看谁的阴唇比较大？”这时，比较小的人就输了。

在非洲社会里，还有一种女性割礼——阴蒂的切除手术。竞争阴唇大小的文化和切除外生殖器的文化，正好是互为表里的关系。实行女性割礼的社会，其中一个特征就是，在他们的民族信念当中，对于“女性的性偏差”让人有很强烈的不安感。穆斯林（伊斯兰教徒）的社会也是如此，在他们的文化观念中，女性是一种性欲很强的生物。他们认为要是不加以控制，女性的性欲随时都有可能脱缰而出、会爆发，因此必须要随时把女性放置于监管之下。

实行女性割礼的社会，人们对女性的性的信念，和穆斯林相当类似。在他们的想法中，如果放着不管，女性不知道会为了追求性的愉悦闯下什么大祸，所以必须以某种形式将其封印住，才能维持社会的秩序。所以对女性的性控制越强烈的社会，反而其实越承认女性的性欲。

近代所发明的性的内部掌控

近代创立了逆转的“性的内部掌控”。人们不承认女性性欲的存在，因为是内部掌控，所以管理者并不在外部，这种“小小的管理者”存在于每一个女性的超我当中。就算女性只感受到一丁点儿的性欲，女性自己的感应器也会发挥机能，非反省自己一番不可，“我一定是异常淫乱的女人”。这就是近代的机制。

这是一套非常有效的机制，因为每个人脑子里都会有一个小小的神。反过来说，如果是外部的控制比较强，女性就不需要怀疑自己的性欲，或者即使感觉到自己的性欲，也不需要觉得罪恶。这就是来自外部的控制而非由自己发出的禁止。这和穆斯林等极端遮蔽身体部位的行为是联结在一起的。近代的自我里存在着一种“一旦承认了性欲，自己就必须压抑它、毁灭它”的装置，真的是非常有效的装置。

距今三十年左右，有一位被称为“战后无赖派”的小说家。有一次他有感而发地对后辈作家说：“喂，我问你，我常常在想，女人到底有没有性欲这种东西啊？”现在看来，这简直是一桩让人啼笑皆非的故事。近代以前的日本人，和近代之后的日本人，都不可能说得出这种话来。只有活在“近代”这种噩梦般的时期里的人们才会认真地相信这种神话。那时候无论男女都是如此地深信不疑。

女性被时代规范所掌控

时代所具有的文化固有制约是非常强烈的，女性必须要配合着时代的规范在床第之间享受愉悦。性根本不是什么自然的产物。在不承认女性性欲的“性的近代”里，就出现了躺在床上犹如一根木头的女性。女性以为以身相许就是为爱做出的最大的决心与付出了。要是做了更过火的事，就会被认为不得体，所以女性会有这种变成木头的行为也是理所当然的吧。

直到今天亦是如此。日本的女孩子被认为很容易就会爱上美国人。亚洲面孔的女性当中，包含了韩国人、中国人和日本人，美国人根本分不出其中的差异。不过据他们说，有一个方法可以分辨出日本女性。

第一，日本女性的妆都化得很浓。在美国，很多浓妆艳抹的人都是从事特殊职业的人，尤其是在大学的校园里，很有可能就是职位较低的女性。在知识分子的世界里，女性几乎是不太化妆的。所以美国有一种越浓妆艳抹地位就越低的倾向。因此，如果在那种地方化了一脸浓妆，很自然就会比较显眼。年轻女性如果化了妆就是日本人，尤其是刚来美国不久的日本人——这是其中一种辨识方式。

第二，在这三个国家的女性当中，据说最容易“到手”的就是日本人。这三个国家都受到很强的儒教影响，都属于性差别待遇的社会，但是有一种解释是，日本对性的态度是最“进步”的。当然我相信这是因为很多传统的规范都已经脱缰了。尽管如此，在日本还是会有“世人的眼光”这道最后的防线，这些女性就是为了逃避这些枷锁而去国外，所以做出脱轨行为的日本女性多不胜数。她们正可说是为此而来的嘛。

除此之外，相比美国的女性，日本女性在“性”的认知上是非常幼稚的。虽然身体已是成人，但是一旦打破了规范，又无法为自己的行为负责，可说是以成熟的肉体做着幼儿的行为。有个美国男性就会把这些日本女性逐一编号、手到擒来，因为几乎不用付出什么努力就能到手，所以他说日本的女人都很 easy。尽管如此，据他说这些非常容易到手的女人，每一个在床上却都跟木头没什么两样。

听到这些话会让人不禁想到，是那些样本的问题吧。不过似乎事实就是如此。当然的确也有不是像他形容的那样的日本女性，不过很遗憾的是，日本女性在性上面确实非常不成熟。“很轻易到手却像根木头”，这并不难想象。一这么想，就会无法确定，这些女孩子真的是因为有了性欲才爬上别人的床的吗？

二三十年前，女性即使有了相爱的男人，在打破了世俗的规范、冒着风险跨越了那条界线之后，没准在床上也是根木头。换句话说，跨越了界线的那一瞬间，就是爱的终结。接下来就是为了进行爱的仪式而躺在床上的羔羊祭品，所以只要怀着为男人献上身体的喜悦躺在床上就好了。

过程与目的的逆转

我想要再度回到“为了要让男性看”的女性内裤的话题。男性在床上脱掉女性衣服的时候，真的会看女性的内裤吗？日本的女性杂志*anan*的内裤特辑，找来了四位男性召开座谈会，讨论女性的内裤。其中有位男性表示：“虽然女性在挑选内裤的时候花这么多心思，要去约会之前好像也会特别用心挑选，可是我们在脱掉的时候几乎不看啊。”还有人说：“最近的女孩子还会自己脱呢。”如果这是真的，那么女性如此认真挑选内裤，就变得毫无意义了。

我最近做了许多访谈，无论在男性还是女性之间，似乎都分成了两种模式。其中一种认为，脱下内裤只不过是抵达“最终目的”之前的过程，这个过程要尽量越简略越好、越短越好，这是所谓的“野兽”类型。另一种会享受过程，认为过程就是一种仪式，并且会乐在其中，这是享受仪式性过程的类型。对女性而言，毕竟对于这仪式性的布置花了这么多心思，如果男性享受了之后却没有说句“你的内裤真漂亮”“这应该很贵吧”或是“质感真好”“很高雅呢”之类的话，女性就会觉得很扫兴。如果对方没有对于自己的细心做出评价，女性就会怀疑男性不够体贴。这是一种享受彼此互动的共犯关系，双方都必须演出同一套剧本。

这或许会随着年龄和学历的变化而有所改变。比如，前者是正值发情期的野兽类型，所以应该是属于比较年轻的族群；后者应该是年龄层较高的知识分子，或许他们是借由历经那些繁复的过程，一心一意想要将目标延长的类型。但是，如果认为性的关系本身就是一种仪式性的过程，那么要是去除了那些过程，性就会跟着消失。在其中，身为一种仪式小道具的内裤，就占了非常重要的角色。这么说来，无论是为了给他人看的内裤，还是为了脱下来而穿的内裤，都有着很重大的意义。

比如，观察一下近年来女孩子们选择内裤的方式就会发现，过去是不让人看的时尚、让人看不到的时尚，是在没有观众的剧场里摆设的“不为人知的时尚”，也就是说自恋的要素是比较强烈的。但是现在，人们在选择内裤的时候，似乎已开始直接意识到内裤是要给别人看的。如果男性对她们所选的小道具没有做出一定的评价，即男性不和她们演出共同创作的戏码，那么她们肯定会尝到幻灭的滋味。

但是，过程本身的重要性逐渐浮上台面，也意味着性逐渐变成“过程”而非“目的”，这么一来，过程与目的之间的关系就会越来越暧昧不明。越延长过程，似乎也会离目的越来越远。说得极端一点儿，这甚至让人感觉目的并不再是目的，一切只是为了无限延长过程。

如此说来，内裤就会从单纯的性器官的配角，被提升到主角的位置。一旦脱掉内裤，身体就变得没那么有魅力了。色情书籍或成人影片当中，也出现了许许多多穿着内裤的女孩子，但是其中也出现了性器官以及包覆性器官的物品之间的倒错关系。女性动物性的性欲望越是浮出水面，男性似乎越想要把到达女性性器官这个最终目的之前的过程无限地延长。

除此之外，有一位很有名的SM女演员最近接受了周刊杂志的访问，报道中这位女性的论述非常让人印象深刻。她说，在SM这种施虐与受虐的性游戏当中，是绝对不会有性交的。性交是邪门歪道，不达成性交则是这个世界的规矩。

因此，目的与过程就完全反过来了。过程拥有着最高的价值，目的只不过是附加的，根据不同的情况，目的有的时候还会被破坏。英文的“intercourse”并不翻译为插入，反而是考虑相互的关系，以“性”为建构关系的过程。如果把这个过程很快地和目的洗牌并且加以省略，那就只是一种野蛮行为罢了。文明和世故，基本上都在于过程的洗炼。

野兽类型的时代，就是被压抑的东西终于被掀开了布盖，并且可以为所欲为地“做”的年代。然而一旦演变成随时随地都可做，就算做了，也会认为“什么啊，就只是这样而已吗？也没什么了不起的嘛”，成为“没办法再更好了”的时候，过程的精炼与世故才会终于显出其附加价值。不知道这是否能说是达到了大众的程度呢？

男性杂志上的面向男性的内衣广告

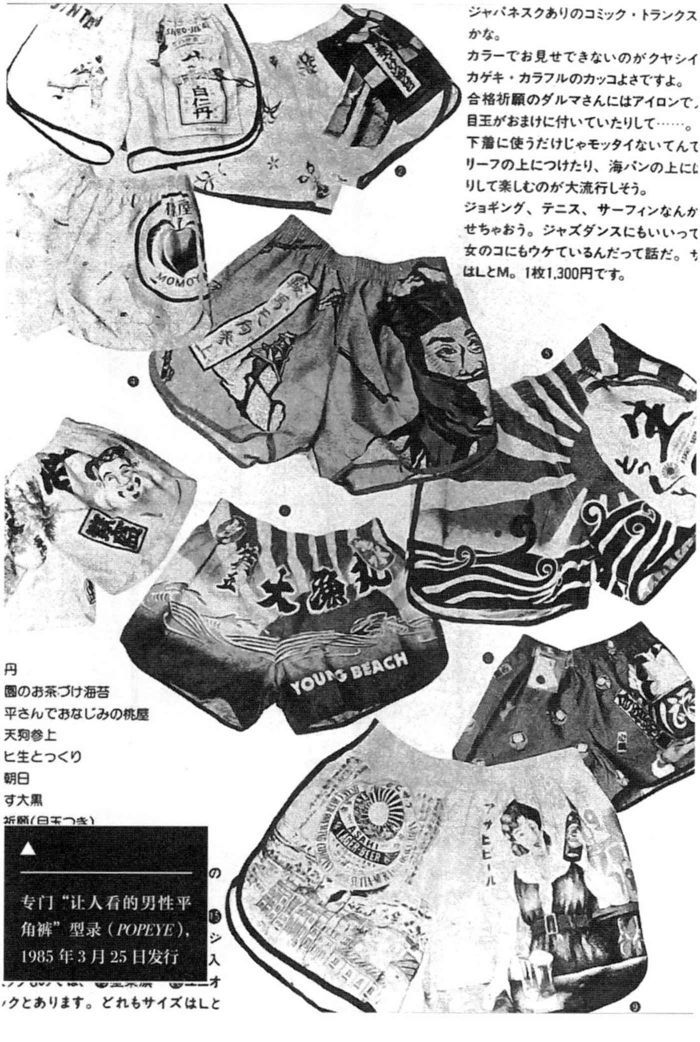

▲

专门"让人看的男性平角裤"型录（*POPEYE*），1985年3月25日发行

蚕丝内裤的流行

近年来，丝质内裤的发展趋势相当惊人。尽管时尚业界已经处于饱和状态，但是据说丝质内裤的生产量高达市场容量的十倍以上。在贴身衣物业界，只有丝质内衣裤在近几年是倍速成长的，成长真的相当急速。其中有几个理由：首先，由于纺织技术的进步，出现了较强韧、可以洗涤的蚕丝。如果不能自己洗的话，还要增加一笔送去干洗的费用，如果是衬裙也就罢了，一般人家是不会把内裤送去干洗的。除此之外，中国进口的蚕丝也增加了，因此单价下降也是其中一个理由。尽管如此，一件丝质内裤还是要3000日元～5000日元，是普通内裤至少三倍的价钱。虽然其因价格降低又可以水洗而销售大增，但是女性之所以会穿着丝质内裤，除了“触感很好，穿起来很舒适”的实用性目的外，其中也隐藏了些微性的意味。

我有位朋友是营销顾问，他曾接受某丝质贴身衣物商家的委托，咨询内容主要跟拓展店面市场有关。因此他对拓展店面的目标、陈列等展开了调查。这家店在过去都是以专业人士（风俗产业的女性）为目标人群，客群倾向都是一些带客人来的酒家女。这些酒家女会向客人吵着要买内裤，或者是要客人买了送她们。

赠送内裤，是一种对性器官的间接掌控。对自己尚未得手的女性，以一种赠送贞操带的感觉送出内裤，把所有物包裹起来。所以赠送内裤有着一种特殊的意义。在白色情人节时送内裤当作情人节的回礼，也是同样的道理，都是一种性器官的标记。

蚕丝内裤价格昂贵，所以年轻人买不起。女性也不会为自己而买。这是内裤当中最贵的一种，一件要四五千日元，如果购买上下成套内衣，就要花上

15000 日元～ 20000 日元。但是买外衣大概会更贵。最高级的贴身内衣裤可以被限制在这个价钱范围内，对于那些被酒家女吵着要买的客人而言，是价格正好的礼物。

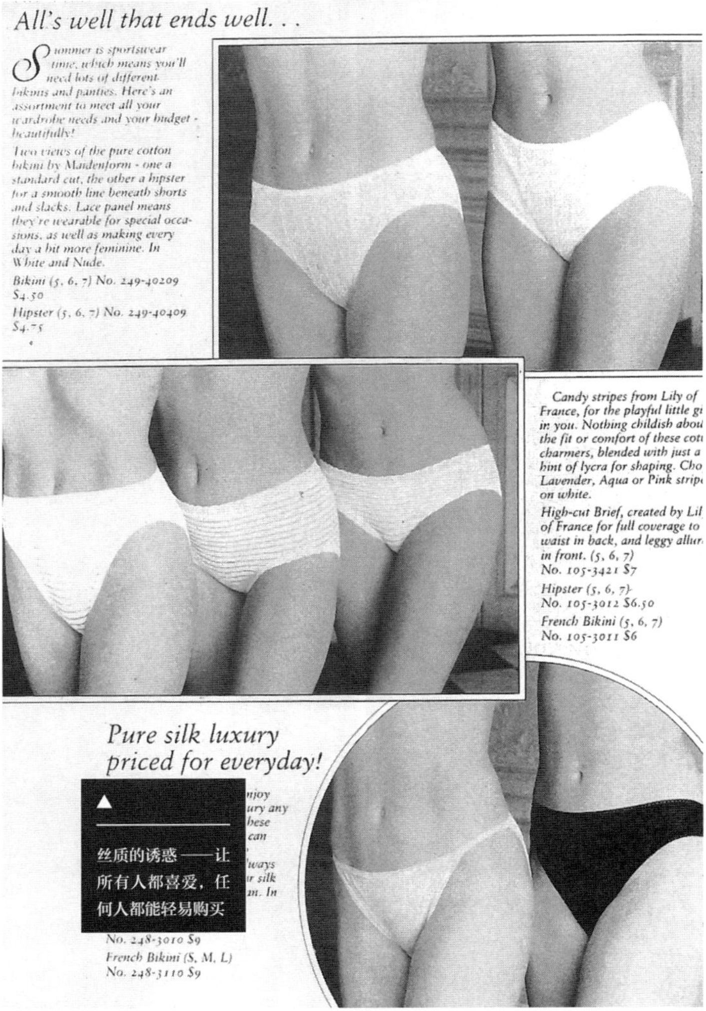

▲

丝质的诱惑——让所有人都喜爱，任何人都能轻易购买

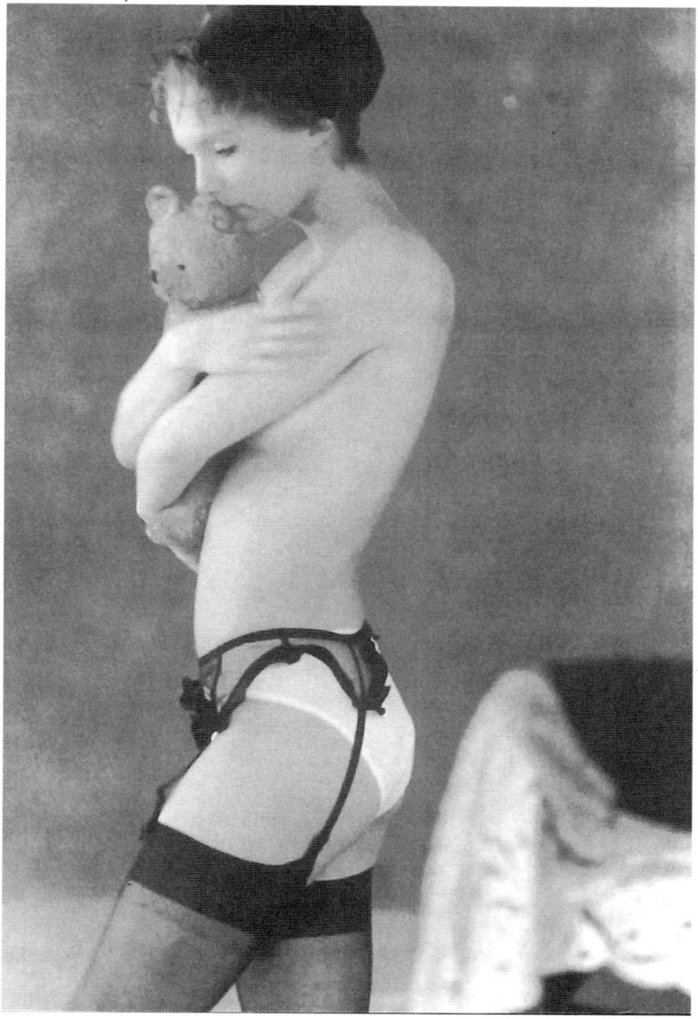

蚕丝内裤
与女性的自体性欲

然而近年来，在丝质内衣裤的市场之中，一般女性的需求也急速地增加。那些正好已经对外衣感到厌倦、打着饱嗝的女性，就开始将触角伸往内衣，甚至是丝质内裤。女性的流行意识在这十年当中，逐渐朝着自体性欲，或者说自恋的方向前进，因此她们当然会看向内衣。朝着没有观众的自恋方向前进，一般女性也变得逐渐喜爱丝质内裤。一开始，丝质内裤的销售对象都以陪酒小姐为主，不过近年来的销售量反而多是由一般女性所贡献的。

这么一来，店面的目标也要跟着改变。一般女性喜欢明亮、清洁的空间，让人想要推门进去看看。普通的女性也开始享受身穿蚕丝内衣裤的感觉，或者即使不穿，也能沉浸在自己拥有蚕丝内衣裤的满足感当中。她们会把丝质内衣裤留到特别时刻穿。这里所说的特别时刻，指的就是一脱掉外衣，露出里面的丝质内衣裤时，想要听到对方说："啊！你穿得真好看。"换句话说，她们想要被认为是等级很高的女人。女性们会通过品牌情报志等渠道获得许多这类信息，因此蚕丝内衣裤的销量就以惊人的气势大幅增长。

男性在床上
并不会看内裤

尽管女孩子花了这么多心思和金钱买了蚕丝内衣或内裤，但是据说男性在脱掉它们的时候，并不会细看。与其说不看，倒不如说是没空看。前面提到的那场杂志的座谈会，男性在最后都异口同声地说："毕竟女孩子们在内裤上花了这么多的心思，所以我们在脱的时候也要多花点儿时间，或是说句'你穿的那个真不错'之类的，男性也得多花点儿心思才行。"但是，因为一心想要进入彼此性器官而开始耳鬓厮磨的男女，必须要在脱内裤时停下手脚，对包覆性器官的东西而非性器官表示关心和爱意，说“你穿的那个还真不错”，这不正是一种倒错吗?

想象得更极端一点儿，假设有个女孩子穿了蚕丝内裤，男孩子隔着内裤反复抚摩着女孩子的臀部说：“这个摸起来好舒服啊”，而女孩子对他说：“不错吧！”女孩子自己可以感受到内裤的触感，男孩子也可以从外面抚摩而感到舒适，彼此都可以得到满足。但是如果男性直接用手抚摩性器官，女性反而会觉得“哎呀，怎么会这么粗糙，真不舒服”。相较以前，现在男孩子的手都已经很柔软纤细了，或许几乎和蚕丝没什么两样，但是和蚕丝比起来，人手的感觉还是没那么好。女孩子或许还是会觉得“要是这样的话，那还是蚕丝比较好呢”，男孩子必定也会觉得，与其抚摩女生干燥粗糙的臀部，还是蚕丝内裤的触感比较好。说不定双方都觉得，永远都不要脱下内裤，一直通过丝质内裤这个媒介互相抚摩才更舒服呢。

这虽然是玩笑话，不过如果真的演变成这种状况，那么性魅力就会完全地被包覆在女性的自恋当中了。

男性的幻想
与女性的解读错误

男性眼中的女性内裤，或者说女性要给男性看的内裤，无论是照片，或者是色情书刊、色情影片，都意味着男性是只能看不能碰的。如果对方是男性可以亲手脱掉内裤的真实女性，那么女性无论穿什么内裤都无所谓。因为那只不过是一转眼的时间罢了。当然如果对方穿的是松垮垮的长内裤，那么有可能会失去兴致，不过内裤的花样这种事根本无关紧要。

女性的内裤或许本来就是这样的存在。如果真是如此，那么要说男性对内裤显示出性的兴趣，或者是被内裤唤起性欲，可能都是女性的误解。

对有恋物癖的男性来说，他们只对性器官周边，也就是说与性器官有换喻关系的东西感兴趣，性器官本身的价值在他们这里反而是打折扣的。事实上，他们为了不抵达性器官，会将换喻的过程当作屏障，并且筑起一道一道的防线。所以对性器官不感兴趣，只对内裤有兴趣的男性，是一种令人很不愉快的存在。如果在过程中突然就停下手来，女性也会觉得很扫兴吧。

话说回来，说不定对贴身衣物的狂热，本来就是为了延长抵达性器官的过程才出现的风潮，就好像是缩时摄影一般，把过程切成片断，刻意将直接接触性器官的可能性拉远。说实话，这让人有种“现代的男性和女性该不会都不想抵达性器官吧”的感觉。

男与女，致命的落差

来到这里，男性与女性之间的隔阂就出现了明确的差别。女性在性方面好不容易到了最近才成为野兽类型。男性却正想要脱离野兽类型，极力地想要后退，没想到女性这时候才对野兽类型觉醒。这纯粹是历史性的时差吗？还是男性与女性在生理上、本质上的差异呢？实在不得而知。或许是将“性”无止境地转换为虚拟的世界，而放弃了现实的那一端吧。男性后退的性行为，也是对变得更有攻击力的女性感到恐惧、厌恶的结果。所谓的“二次元情结”，很明显就是出于对三次元女性的恐惧。现在性规范的目的已经从男性的性愉悦转变为女性的性愉悦了。我认为这是一种男性支配的悖论，不过还是留在其他地方再做评论吧。如果是这样，那么决定是否达到目的的人，将不再是男性，而是由她们来定义“良好的性”。

如此一来，女性对于理想阳具的要求也会开始提高。但是男性们就会开始烦恼，毕竟真实的阳具总是比不过理想的阳具。接着女孩子就会成为一种非常不祥的、让自己焦虑的存在：“你可以带给我愉悦吗？”一边这么说着，一边向自己逼近。男孩子们很清楚自己不可能拥有理想的阳具，因此就会无止境地后退。一面后退一面从现实的世界转往虚拟的世界。这么一来，恋物癖的“手续”和过程就会越来越有价值，越来越往内裤比性器官好，或者是过程比目的好的方向前进。这几乎是无可避免的趋势了。

在这种时候，如果女孩是以动物性的性魅力观点来挑选内裤，那就是完全的失策。因为那对男性来说完全没有性魅力或性的诉求。男孩子们已经朝向虚拟世界里的空白行进了，也就是说，朝向女性身体成为留白一样的存在的内裤。因为那是完全不会对自己有任何威胁、不会将自己去势的东西。所以这是一种对去势的恐惧，和萝莉控有着相同的根源。

萝莉控漫画的世界

独立漫画编辑大冢英志指出，萝莉控动漫世界诞生的动机，就是侵犯偶像、对偶像做出性的侮辱，这些偶像近年来却逐渐在漫画中成为女主角。比如，漫画家高桥留美子的作品《福星小子》和《相聚一刻》，都在诙谐之中侵犯漫画的女主角。这也成了萝莉控漫画的主题之一。

像这样，将现实生活中的女孩子变成偶像，再从偶像完全变成二次元世界的漫画女主角，这种转移的过程越来越人工化，使她们变得越来越对自己无法抵抗、成为自己能够操作的物体。如果要问，那些把萝莉控漫画中的女主角当作性的侮辱对象的男孩子，看到实际出现在眼前的女孩子，是否会扑倒她们？事实上，他们是更和平而温驯的存在。

这些不断被去势恐惧追着跑的男孩子，就像这样产生了后退的行为。这些男孩子对现实的女孩子是非常无力且无害的存在。即使会一个人看着阴郁的萝莉控漫画，也绝不可能会变成强暴犯，因为他们都不是攻击型的男孩子。

所以家长会里的妈妈们以为这种萝莉控漫画一蔓延，孩子们就会被挑起性的欲望，这实在是大错特错——那些萝莉控漫画会在幻想世界中完结。在男孩子的世界里，“到达”之前的“过程”无限延长，并且无止境地独立化。

自恋的王国
在女性世界蔓延

到这里，我们可以说女孩子与男孩子之间，隔着无论如何都无法逾越的“断崖绝壁”。但是反过来看女孩子的世界，过去女性的身体只有成为男性性渴望的对象时才有价值，现在女孩子却能决定自己身体的价值，不再需要“男性视线”这个媒介了。换句话说，就是在自恋的国度里发现自己肉体本身的价值。

例如，色情片女星黑木香，在自慰影片里使用按摩器之类的工具，虽然没有实际的男性介入，但是只要被注视就能达到高潮。在这里，“被注视”是个不可或缺的要素。不过，或许不久之后，连“被注视”这一要素都不再需要了。

随着不再需要媒介的自恋世界的出现，“欲望”的特质不再像过去一样：女性必须对性的欲望投注全部人格，或者女性必须改变整个人生——这些都不再需要了。对女性而言，欲望变得不过是人生的一个零件，或者只是人格或身体的一部分而已，是可以切割的部分。

比如，“我这里好痒啊，帮我挠一挠”或是“肚子饿了，来吃个汉堡吧”这样的感觉，性欲逐渐地零件化。行动方面或是感觉方面，我们或许都可以说，女孩子正逐渐地男性化。这并不是什么需要悲叹的事。认为性是人格的核心、性欲会改变人的整个人生、一生中第一个发生关系的男人会深深烙印在女性的人生里，这些全都是男性霸权的荒谬想法。男性想尽办法要让这些毫无根据的神话在女性的心中扎根。如果问男性是否会记得第一个与自己发生关系的女性，答案是“不可能”。无论男性女性都是健忘又不知感恩的生物，都只会想到眼前的事物。

男性利用各种手段让女性对这种毫无根据的神话深

信不疑，女性也一直对此深信不疑，但是只要一回过神来就会发现，这全是荒诞无稽的谎言。所以女性的性的现实，也终于到达了能与男性并驾齐驱的程度了。

女性在性这一方面仍在发展，所以一旦这些压抑被释放，每一次都必须满足原本已“卡带化”的性器官重新找到的欲求。就像是“口渴了，好想喝东西啊！昨天已经喝了可乐了，那今天就来喝乌龙茶吧”这样的感觉。不过这么一来，女性的欲望就会因为不需要通过制度的管道而满溢出来，由此就会出现野兽类型的女性。

高潮
强迫症

另外，性的规范会带给女性像男性一样的强迫与焦虑，只是形式有所不同。也就是说，这是一种对于“性的高潮是性这整个过程必须到达的目标”的焦虑。女性会经常产生诸如“好奇怪，太奇怪了，我根本就还没抵达目标啊！我所感受到的会不会根本就不是真正的高潮呢……”的强迫感。

不过，在男性的掌控之下，女性还可以找借口。以往，如果女性无法到达高潮这个目的地，就会责备自己感觉迟钝，现在的女性却不再需要责备自己，因为只要怪在男性头上就好了。在男性主动、女性被动这种“掌控—依存”的性的构图当中，女性高潮的责任在于男性身上。

但是就算责怪男性，男性也不可能为这种事一一负责，所以其中的一个解决方法就是换掉男性。如果这不是真正的高潮，那么想必在某个地方存在着理想的阳具，或者是理想的男人能够给予的真正高潮——这就成了换男人的借口。女色情狂的心理就是如此，这么一来，几乎所有的女性都会开始踏上像女色情狂一般搜寻男人的旅程。

美国掀起性革命时，出现了许多性的追寻者。我不认为这些性的追寻者是拥有过剩性欲的人。对美国文化有相当深入理解的比较文学家亀井俊介，就在其著作《清教徒的末裔——美国的文化与性》当中指出，性革命是对清教徒教会一种悖论性的表现。真诚的美国人，对于追求高潮这种新的性规范，也是非常认真而诚实的。

规范对于性总是有相当强的掌控力。人在这种规范当中就会萌生“好奇怪，我的现实是错误的”的念头。

这么一来，就会产生极显著的两难，性的规范性目标，也就是女性的高潮，应该由女性自己来决定，但是女性自己却又无法决定什么才是真正的高潮。

举个更极端的例子，即使女性客观地感受过高潮，在读过其他女性的告白录或者宇能鸿一郎的色情小说之后，却又会产生“好奇怪啊，我自己的反应并不是那个样子啊！我既没有失去意识，也没有叫得很大声。我该不会根本就还没经历过真正的高潮？”这样的焦虑想法。因为没有人可以告诉她：“不，并不是这样的。”而她本人也变得无法判断了。

性的荒野

在“尽管有规范，但是谁都再也无法决定任何事”的性的真空地带，男性正准备退场时，女性正踏进来。女性正式入场，代表着男性已经消失了、完全退场了。高耸的断崖绝壁已然成形。

女性会变得越来越具攻击性，要求也会越来越高。无论对男性还是女性而言，在这种信息泛滥的社会，想要将自己的性从信息环境中切割出来，并将其作为一种独特而个别的真实存在，已经不再可能了。早期，性规范的约束力虽然很强，现在却有另一种不同意义的强大约束力——信息泛滥。这越发加深了其渗透力与一致性。文化会再次生产出性的理想模范，而男性会因为这理想模范所带来的焦虑从舞台退场。女性虽然晚了一步，但受到其焦虑的影响则会争相进场。所以女性会开始累积欲求不满的感觉。我想，在美国这些欲求不满会直接转向女同性恋，但是日本又会如何呢?

我相信男性当中也有许多天真、朴素且单纯的野兽类型，但是对于受到性理想模范的影响而感到焦虑，被迫出现在性的舞台的女性而言，那些晚了一步出场的野兽类型并没有办法达到她们的标准，因此她们就会毫不留情地舍而弃之，如此一来，需求和供给将会产生相当大的失衡。

Afterword

后记

1989年2月24日，昭和天皇大葬之日。

在冷雨霏霏的东京千驮谷，河出书房新社大楼对面街道上是出殡的队伍，我在大楼里一边注视着天皇送葬的队伍，一边和责任编辑小池三子男先生一起为了这本书，从庞大的资料里挑选出视觉效果的样本。

内裤与天皇制——二者有着奇妙的共通之处。二者都将淫秽的东西用盖子盖起来并遮住。反过来说，就像是“没穿衣服的国王”一样，明明只要穿点儿什么就无足为奇了，却盖上了名为“禁忌”的盖子，提升被藏起来的东西的价值。

我对内裤相当感兴趣，对讲究内裤的女性很感兴趣，对讲究女性内裤的男性也很有兴趣。诚如栗本慎一郎[1]所言，人类是“穿着内裤的猴子”，不过栗本慎一郎其后却将内裤从猴子的身上脱掉，甚至完全丢掉了。然而人类基本上仍然是“穿着内裤的猴子”，而且是“对内裤很讲究的猴子”。

不久之后，我发现“女性对内裤的讲究”和“男性对女性内裤的讲究”之间的落差，也开始对男性的内裤产生了兴趣，同时也对男性被剥夺了自我内裤管理权这个现象深感兴趣。我认为这反映了女性和男性之间的性别不对等性，以及形成身体形象时的两种性别之间的落差。

1982年我的首作《性感女孩大研究》出版以来，女性身体形象的形成就是我一贯的研究主题。在“看”与“被看”的单向视线已被固定的男女关系当中，女性从一开始便是以“被看的东西”构筑自己的身体形象的。因为女性总是事先臣服，从属于“看的主体”，所以女性的身体既是自己的东西，又不是自己的东西。从厌食症是女性特有的心理疾病，到减肥、美体沙龙等这些女性的“body-conscious”（身体意识），就不难发现女性是多么被自己的身体所局限，多么地被封闭在这具身体里面。反观站在“看”的立场的男

1 日本经济人类学家，著有《穿裤子的猴子》。——编注

性，不断地化为视线，并逐渐失去自己的身体形象。女性因为被事先剥夺了身体形象而拥有深刻的疏离感，男性则因无法得到身体形象而失落，二者其实是成双成对的。

我认为这和女性与男性性幻想的不对等性与落差相关。男性并不会像“女性幻想男性”那般去幻想女性。而女性深信男性会对女性有所幻想，也是女性的误解。男性与女性之间有着根深蒂固的鸿沟，在这之中就上演了男性与女性的差异与悲喜剧。

本书在难产中诞生。

1985 年，今天已不在世的前田爱（文艺评论家）曾邀请我撰写某丛书。我们说好前田以“自行车”、我以“内裤”为主题书写，预计要共同创作以视觉为主体的文化史风 Mook（杂志型图书、期刊型图书）。我很快就开始收集资料，然而由于诸多状况，由冬树社策划的这本书流产，庞大的资料只好收进仓库。前田在企划会议上展示给大家看的明治时期女学生穿着（はかま，日本和服的一种下裳，亦称“褶裙”），两脚跨在自行车上的彩色浮世绘版画，至今仍深深地烙印在我的眼底。然而前田所抱着的那些资料与点子，却没办法在他生前出版了。

1987 年，POLA 文化研究所的刊物 *is* 计划做内裤特辑，编辑山内直树向我约稿时出现在我脑海里的，就是那个流产的企划及资料。当我交出十四页的原稿时，山内一眼就看出，这份原稿有扩充的潜力。当时的原稿，就收录于本书的序章里。

山内向我介绍了河出书房新社的小池三子男，我却大言不惭地说我完全没有写书的时间。因为被眼前的其他工作追着跑，所以我原本只能将这些不足月的小婴儿般的点子抱在怀里，继续往后拖延。小池却提议说："既然如此我们就用录音吧。"在我无理的要求之下，展开了我和小池长达半年的密室访谈。小池经常会套我的话，受到他的触发，我的话也就越说越多，而他也会适时地给予评论或提问。我总是非常投入，时而自说自话，时而询问小池。在正午时分的大厅，有时也会有一些其他的客人，要是听见了我们当时谈话的内容，不知有何感想。

小池虽然是男性，却如同本书的助产士。若要说这本书是我和小池共同创作的作品也不为过。

除了小池以外，前田爱和山内直树都可说是这本书的助产士。内衣设计师鸭居羊子也接受了我的访问，并介绍我内衣裤的店家，实在受了她很多的照顾。我向 CDI[1] 借了服饰历史的相关资料，华歌尔服饰文化研究所也让我参观了贵重的收藏品，宣传部更是提供了庞大的资料。我还要感谢帮我

1　Communication Design Institute，成立于 1970 年，日本一所由民间学者组建的文化研究智库机构。——编注

收集资料的美国朋友们、借我照片资料的伴田良辅、大胆处理视觉效果的美术编辑铃木成一。多亏了众人的帮忙，这本书才没有流产，得以顺利诞生。

1989年8月　上野千鹤子于信州高原

Afterword

文库版后记

女人是个谜团。

女性不光对男性而言是个谜团，对女性自己也是个谜团。排除了那些男性强加的各式认定之后，女性剩下来的，仍旧是个谜。

若是有一百个女人，就会有一百种女人。与其说是性别差异，倒不如说是个别差异。尽管如此，为什么我不是男性而是女性呢？身为女性和男性，究竟有哪些不同呢？

女性如果不通过男性之眼去进行自我意识的验证，会发生什么情况呢？自我意识会直接出现在和自己身体的关系之中。尤其是一直以来被束缚在“被看的东西”这种身体性当中的女性，更是如此。对于从男性的眼睛和男性关心的角度切割出来的女性身体，从男性的死角捕捉女性的自我意识，又会发现什么呢？

——如果要加上往后自己会觉得还是不说为妙的“解说”的话，或许会是这样吧。如果要赋予爆炸性畅销的这本书一个系列的名称，那么应该会是“女性与自我身体意识的构成（On Construction of Women's Self-Consciousness of the Body）”吧。除此之外，会再加上“通过内裤的历史（Through a History of Underwear）”。

这本书不光是内省性思辨的产物。资料的出处并没有特别标明，但都是根据相当大范围地对男性与女性访谈所得到的结果。相关资料的搜集数量也相当庞大。

与此同时，处理资料时，也包含了许多我个人的独断与偏见。在对这本书的反对意见当中，最多的就是处理“下半身”这个过去被视为禁忌的主题。其次就是对我的独断与喜好提出的不同意见。明明是你自己认为“下半身”是丑陋的，为什么只是评论下半身，这件事就会变成丑陋的呢？明明将男性对女性身体的关心当成俎上之肉，为什么这会成为“迎合男人的兴趣”呢？不只如此，甚至明明还指出了男性的误解与无知。

关于后者，反对意见都集中在“御满红姐妹”上。当

“女性以男性为媒介的彼此对立”不断地被强调时，我试图指出共享男性的女性之间友情的可能性。当然，也提到了女性异性恋者的极限。对此，如果只是说“我并没有这种感觉”“我和你的喜好不同”，那么话题就结束了。

正如我的预期，这本书也收到了许多女同性恋者的反对意见[1]。我对此在其他的地方做出了回应，还请参考[2]。当然对于“‘没有男性媒介的女性友情就不可能存在’是异性恋女性的极限”的意见，我认为所言甚是。对于“没有男性媒介的女性情谊是有可能存在的”的意见，我百分之百同意。

如果问这本书对于解开“女性是个谜”做出了什么样的贡献，我认为是以下两点：第一，女人的性与男人的性之间有着显而易见的不对等性。女人的性并不像男人的一样。所以就算“女人也试着做了男人会做的事”，或是在性爱的关系中，把男性和女性掉转过来，也是白费功夫。女人不会像男人一样去买春（女性就算会买春，那也和男性的买春是非常不同的），女性也不会像男性看到女人的性器官就会产生视觉上的兴奋，就算看到男性的性器官也不会有视觉上的兴奋。这个不对等性深深埋藏在男女关系之中，几乎没有任何

1　挂札悠子:《女同性恋这件事》，河出书房新社 1992 年版。

2　上野千鹤子:《Sexuality 是自然的吗？》，季刊《文艺》1992 年秋季号，河出书房新社。

事是只要立场对调，情况就会改变的[1]。

第二，性（Sexuality）当中，既没有“本质”也没有“自然”，而是蒙受了历史的变化，这一点通过内裤的历史即可了解。在这半世纪之间，日本人的内裤在很短的时间内就发生了巨大的变化。从这种意义上看，要进入 Sexuality 这种无形的对象时，通过内裤这种实体的媒介，从其中找线索是相当有效的战略。

继这本书出版之后，我收到了各式各样的评论，其中国立民族学博物馆的栗田靖之作出的“这是通过内裤看见的 Sexuality 文明史”这一评论最为精准，也让我非常开心。

在这本书发行后，发生了M君事件[2]。这就像是验证了这本书最终章里“男性将会撤出性的现场”和“恋物癖化”的预言。随后，也出现了无性婚姻夫妻增加的预兆，显示出性是不停地在变化的。历史性的研究多多少少包含了预测，所以相信文库版的读者多了一份乐趣，可以检验从初版出版的三年之后，本书的预测是否已然成真。当然非常欢迎你对我

1　然而“不对等性”是由历史性、社会性所形成的东西，并非小滨逸郎在各个著作中所说的男女关系中“本质性”的东西。小滨逸郎或许会说，他承认男女 Sexuality 之间的“不对等性”，但如果被误解成和上野的意见相同，那实在令他感到困扰。Sexuality 没有任何形式的“自然”或“本质”。我想要知道那（被认为是）“本质”的东西究竟是如何形成的。

2　1989 年震惊日本全国上下的宫崎勤东京埼玉连续幼女诱拐杀人事件。

的观察持有不同的意见。只要不使用“本质”或“自然”这样的用词，那么性也和所有历史的对象一样，可以展开各式各样的讨论。

1992年9月　上野千鹤子

图书在版编目（CIP）数据
内衣的文明史 /（日）上野千鹤子著 ；郭凡嘉译 .
广州 ：广东旅游出版社，2025. 6. -- ISBN 978-7-5570-3500-6
Ⅰ . TS941. 713-091
中国国家版本馆 CIP 数据核字第 20250TT055 号

广东省版权局著作权合同登记号 图字：19-2025-051 号

内衣的文明史
NEIYI DE WENMINGSHI

出 版 人：刘志松
责任编辑：陈 吉
责任技编：冼志良
责任校对：李瑞苑

广东旅游出版社出版发行
地址：广州市荔湾区沙面北街 71 号首、二层
邮编：510130
电话：020-87347732（总编室） 020-87348887（销售热线）
投稿邮箱：2026542779@qq.com
印刷：河北鹏润印刷有限公司
（地址：河北省肃宁县工业聚集区）
开本：787 毫米 × 1092 毫米 1/32
字数：120 千
印张：8.5
版次：2025 年 6 月第 1 版
印次：2025 年 6 月第 1 次印刷
定价：58.00 元

如发现图书质量问题，可联系调换。质量投诉电话：010-82069336